浙江省普通本科高校"十四五"重点立项建设教材

大学文科数学
学习指导

主　编　王工一

副主编　田雪腾　徐　菁

中国水利水电出版社
www.waterpub.com.cn
·北京·

内 容 提 要

本书为《大学文科数学》（王工一，2023）教材的配套学习辅导书，对应教材中的第1～5章分别安排相关章节的学习辅导内容，涵盖知识图谱、内容提要、各周线上学习要求、习题解答等. 线下授课课件则以数字资源的形式纳入，请读者扫描相应二维码获取. 另外，还专门安排了《自测题及解答》章节，供学习者自我检测、自我评价. 书末附有"大学文科数学课程教学大纲""常用初等数学公式""基本导数公式""不定积分公式""大学文科数学内容体系图".

本书可供高等院校文科专业、小学教育专业、建筑学专业等的本科生、专科生及专升本阶段学生学习"文科数学""高等数学"等课程使用，本书也可以供有关课程授课教师参考.

图书在版编目（CIP）数据

大学文科数学学习指导 / 王工一主编. -- 北京：中国水利水电出版社，2025. 2. --（浙江省普通本科高校"十四五"重点立项建设教材）. -- ISBN 978-7-5226-3167-7

Ⅰ. O13

中国国家版本馆CIP数据核字第2025AQ1583号

书　　名	浙江省普通本科高校"十四五"重点立项建设教材 **大学文科数学学习指导** DAXUE WENKE SHUXUE XUEXI ZHIDAO
作　　者	主　编　王工一 副主编　田雪腾　徐　菁
出版发行	中国水利水电出版社 （北京市海淀区玉渊潭南路1号D座　100038） 网址：www. waterpub. com. cn E-mail：sales@mwr. gov. cn 电话：（010）68545888（营销中心）
经　　售	北京科水图书销售有限公司 电话：（010）68545874、63202643 全国各地新华书店和相关出版物销售网点
排　　版	中国水利水电出版社微机排版中心
印　　刷	天津嘉恒印务有限公司
规　　格	185mm×260mm　16开本　5.5印张　134千字
版　　次	2025年2月第1版　2025年2月第1次印刷
印　　数	0001—1500册
定　　价	**25.00元**

前言

2023 年 11 月，编者编写的《大学文科数学》由浙江大学出版社出版发行，主要面向地方高校文科学生和文理兼招专业学生．这本教材选取微积分作为教材的基本内容，编写中注重吸收教育数学理念，淡化深奥的数学理论和复杂证明，强化几何直观说明，注重学生的数学体验．"教育数学"的提法是数学家、中国科学院院士张景中先生于 1989 年在《从数学教育到教育数学》一书中首次提出的，并指出改造数学使之适宜于教学和学习是教育数学为自己提出的任务．

由于微积分部分概念抽象、推理独特、方法灵活，虽然在《大学文科数学》的编写过程中已采取贯彻"教育数学"理念等一系列降低难度的方法，但对于文科学生而言，可能在一定程度上依然面临着课程难学、规律难寻、习题难做的困境．所以编者又编写了本书，配套相关学习指导内容，具体如下：

知识图谱：对各章的学习内容进行归纳提炼，形成知识图谱，明晰知识脉络，方便学习者系统掌握本章节的知识．

内容提要：对各章的基本概念、基本理论进行简要归纳，并进行学法指导，方便学习者复习．

各周线上学习要求：内含每周的学习内容、学习要求等，既方便学习者明确任务、目标，也可以给教师安排教学提供参考．

习题解答：对各章所有习题均给出详细解答，力图通过习题详细解答，进一步让学习者掌握解题思路、解题策略、解题方法．习题解答中的习题和题号与《大学文科数学》完全一致，方便学习者在独立练习的基础上对照参考．

附录：本书将《大学文科数学课程教学大纲》收入附录中，方便师生教学；考虑到不少文科学生对初等数学公式掌握不够熟练，本书将"常用初等数学公式"纳入附录，解决学习者四处查询的烦忧；同时本书也将《大学文科数学》中新学的、使用频率较高的"基本导数公式"和"不定积分公式"纳入附录，方便学习者解题、复习；最后，本书将"大学文科数学内容体系图"纳入附录，并做了相关说明.

线下授课课件：线上授课视频在"学银在线"平台完整公布，授课课件在视频中也可以反复学习观看，但线下授课也是必要的，是线上授课的补充. 在本书中将线下授课课件以数字资源的形式纳入，有利于学习者进一步学深、学透，尤其是部分没有机会参加线下授课的学员，这部分内容将发挥重要作用. 本书中的线下授课课件基本保留"原生态"，请读者扫描每章节前相应二维码获取.

本书为新形态教材，除纸质图书和书中二维码资源外，在"学银在线"公共慕课平台还配有相应课程，内含授课视频、课件等多种学习资源. 读者可以在"学银在线"平台搜索"文科数学"课程或"高等数学E"课程，选择"王工一"为课程负责人的相应课程，并加入相应期次的学习.

建议本书与《大学文科数学》、学银在线平台的"文科数学""高等数学E"课程结合使用.

王工一、田雪腾、徐菁和邬柯皓参与了本书的编写，在本书编写过程中，参阅了不少中外文献，有的已经在参考文献中标明，有的还未一一列出，笔者对这些中外文献的作者和编者表示衷心的感谢！没有这些中外文献，也就没有本教材的诞生. 另外，衢州学院对本教材的出版给予了大力支持，在此也一并表示衷心的感谢！

王工一

2024年3月于衢江之畔

目录

第1章
函数、极限与连续

1.1 知识梳理

1.1.1 知识图谱

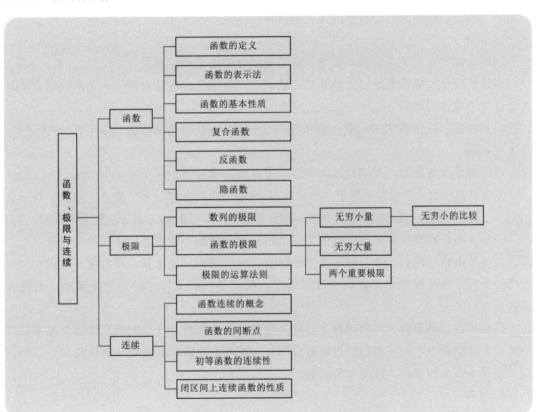

1.1.2 内容提要

本章由函数、极限与连续三部分组成.

函数部分内容是对部分中学数学内容的回顾和提升,学习中要注意复习中学数学的相关内容,初等数学公式的遗忘是造成很多读者进一步学习障碍的原因之一,为此本书在附录中专门归纳了常用初等数学公式.有一些三角函数的概念和公式,由于不在"高考范畴"之内，有些读者在中学阶段没有学习，这就需要读者自己做些补课，做好中学数学和大学数学的学习衔接．复合函数是一个非常重要的概念，后续学习导数、微分、积分等都会经常碰到，必须好好掌握，特别是对复合函数分解成简单函数、简单函数复合成复合函数的过程和方法要熟练．

极限在大学文科数学中是一个非常基础，也是非常重要的概念，是研究函数的常用工具．连续、导数、定积分等都是用极限定义的，微分和导数一脉相承，不定积分是导数的"逆运算"，所以微分、不定积分也和极限密切相关．用"$\varepsilon - \delta$ 语言"来叙述的极限定义非常经典、严谨，数学的严谨、简洁、科学等特性在此得以充分展示，这是微积分学中最精彩的定义之一，但是由于它的逻辑结构十分复杂，一直以来都是公认的微积分入门学习的难点．作为学习文科数学的读者，在欣赏了用"$\varepsilon - \delta$ 语言"叙述的极限严格定义后，可以借助极限的描述性定义来帮助理解．

连续部分是极限的应用之一，从连续的定义可以感知到数学作为科学语言的魅力，它的简洁、明了、准确表达是自然语言无法比拟的．

1. 函数

函数是数学中最重要的基本概念，也是微积分的主要研究对象．

函数的两个关键要素是定义域和对应法则，判断两个函数是否为同一个函数的方法就是看这两要素是否相同．

函数的表示法比较常用的有：解析法（公式法）、表格法和图示法，它们各有优势，也各有不足．

函数的基本性质有：奇偶性、周期性、有界性和单调性．

复合函数中的"复合"不等于"组成"，不要将"四则运算"和"复合"混为一谈，如 $y = \sin x + \ln x$，这个函数是由 $\sin x$ 和 $\ln x$ 相加而成，并不是由 $\sin x$ 和 $\ln x$ 复合而成的．

注意：两个函数构成复合函数的关键是内函数的值域一定要在外函数的定义域中．

反函数是一个难点，学习时需要细细体会，好好消化．反正弦、反余弦、反正切和反余切 4 类反三角函数很多人在高中没有学过，但又是今后学习中经常会碰到的，要将其掌握．

指数函数、幂函数、对数函数、三角函数和反三角函数，这 5 类函数统称为基本初等函数．由常数和基本初等函数经过有限次四则运算和有限次函数复合步骤所构成，并可以用一个式子表示的函数，称为初等函数．

2. 极限

极限概念是微积分的理论基础，也是微积分中研究问题的基本方法．

数列极限是函数极限的特例．

函数 $y = f(x)$ 在点 x_0 处有极限的充要条件是函数 $y = f(x)$ 在点 x_0 处左、右极限都存在，而且相等．

极限有如下性质：数列极限存在准则、唯一性定理、有界性定理、两边夹定理．

极限的四则运算性能是比较完美的，四则运算"全封闭"，也可以简单地说：两个函数和差积商的极限等于这两个函数极限的和差积商．这种运算的"封闭性"是比较难得的，后面要学习的导数、微分、积分等的运算法则都不具备这种"全封闭"特性．

在自变量的同一变化过程中，极限还满足：
$$\lim[f(x)]^n = [\lim f(x)]^n, n \text{ 为常数}$$
$$\lim a^{f(x)} = a^{\lim f(x)}, a \text{ 为常数}$$

有限个无穷小量的和、乘积都是无穷小量；常数乘以无穷小量仍是无穷小量；有界函数乘以无穷小量也仍是无穷小量．这些无穷小量的性质都是求极限的方法．

无穷小量与无穷大量的关系：在自变量的同一变化过程中，若 $f(x)$ 为无穷大量，则 $\dfrac{1}{f(x)}$ 为无穷小量；反之，若 $f(x)$ 为无穷小量且 $f(x) \neq 0$，则 $\dfrac{1}{f(x)}$ 为无穷大量．

无穷小量与极限的关系：在自变量的某一变化过程中，函数 $f(x)$ 以 a 为极限的充要条件是 $f(x)$ 可以表示成常数 a 与某一无穷小量之和，即 $f(x) = a + \alpha(x)$，其中 $\alpha(x)$ 为同一过程下的无穷小量．

不同的无穷小量趋向于 0 的"快慢"是不一样的．有同阶无穷小量、等价无穷小量、高阶的无穷小量、低阶的无穷小量的区别．

在极限的计算中，经常使用等价无穷小量的代换定理，从而使两个无穷小量之比的极限问题简化，这也是求极限"不能代则化"的又一种化法．

注意：在做等价无穷小量的代换求极限时，只能代换乘积因子！也就是说，可以对分子或分母中的一个或若干个因子做代换，但不能对分子或分母中的某个加项作代换，否则会得出错误的结论．

两个重要极限是：$\lim\limits_{x \to 0} \dfrac{\sin x}{x} = 1$ 和 $\lim\limits_{x \to \infty}\left(1 + \dfrac{1}{x}\right)^x = e$，它们也是求极限的重要方法，函数如果能够化到这两个重要极限的形式，就可以依据这两个重要极限求出相应函数的极限．

3．连续

连续是函数的一个重要性态，连续性是很广泛的一类函数所具有的重要性质．

函数 $f(x)$ 在点 x_0 处连续的充要条件是函数 $f(x)$ 在点 x_0 处既是左连续又是右连续．

初等函数的连续性有如下一些定理：

（1）连续函数的和差积商还是连续函数．

（2）连续函数的反函数在其对应区间上也是连续函数．

（3）连续函数的复合函数还是连续函数．

一切初等函数在其定义区间内都是连续的，这是一个非常有意义的结论！根据函数的连续性定义以及这个结论，计算初等函数 $f(x)$ 在其定义域内某点 x_0 处的极限，只需求出 x_0 处的函数值 $f(x_0)$ 即可．这也就是为什么求极限时可以采用"能代则代"的原因所在．

闭区间上连续函数有如下性质：最值定理、介值定理、根的存在定理．数学定理一定要关注定理的条件，条件稍作变化，结论就会改变，比如根的存在定理中，条件是"$f(x)$ 在闭区间 $[a, b]$ 上连续"．如果将条件改为"$f(x)$ 在开区间

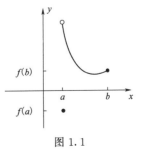

图 1.1

（a,b）内连续". 那么，即使"$f(a) \cdot f(b) < 0$〔即 $f(a)$ 与 $f(b)$ 异号〕"在（a,b）内也不一定存在一点 ξ，使 $f(\xi) = 0$，即方程 $f(x) = 0$ 在（a,b）内不一定有根，这从图 1.1 可以看得很清楚.

1.2　各周线上学习要求

1.2.1　第一周

（1）学习视频：《2.1 函数的概念》《2.2 函数的基本性质》；《2.3 复合函数》《2.4 反函数》《2.5 初等函数》，详见"学银在线"平台.

（2）完成布置的作业.

（3）教学目标：理解函数的概念，掌握函数的表示；理解反函数、复合函数、隐函数；利用复合函数内外函数定义域、值域的关系，进行爱国主义教育；体验函数概念中蕴涵着的事物变化与普遍联系的思想，质变与量变的观点.

1.2.2　第二周

（1）学习视频：《2.6 数列的极限》《2.7 函数的极限（1）》《2.8 函数的极限（2）》《2.9 极限的性质》《2.10 无穷小量》《2.11 无穷大量》《2.12 无穷小量与无穷大量、极限的关系》《2.13 极限的运算法则》，详见"学银在线"平台.

（2）完成布置的作业.

（3）教学目标：理解数列极限的定义，函数极限的概念；理解无穷小量、无穷大量的概念；掌握极限的性质、运算法则；利用极限思想，思考"虽不能至，然心向往之""我做不到完美，我做不到 100 分，但我们要走在做到完美、做到 100 分的路上""相信努力就会距离理想更近，才会保持动力"等观点的积极意义；体验数学作为一种科学语言的魅力；渗透保护新事物、抓主要矛盾等辩证唯物主义思想.

1.2.3　第三周

（1）学习视频：《2.14 第一个重要极限》《2.15 第二个重要极限》《2.16 无穷小的比较》《2.17 函数连续性的概念》《2.18 函数的间断点》《2.19 初等函数的连续性》《2.20 闭区间上连续函数的性质》，详见"学银在线"平台.

（2）完成布置的作业.

（3）教学目标：掌握两个重要极限；理解函数连续性的概念，函数间断点的概念，连续函数的概念；会进行无穷小量的比较；体验数学的严谨性，提高学生非智力水平；感受数学语言的简洁性和数学方法的科学性.

1.3　习题解答

习　题　1.1

1. 下列各题中，函数 $f(x)$ 和 $g(x)$ 是否相同？为什么？

(1) $f(x)=\log_2 x^2$, $\quad g(x)=2\log_2 x$.

(2) $f(x)=\dfrac{x^2-4}{x-2}$, $\quad g(x)=x+2$.

(3) $f(x)=x$, $\quad g(x)=\sqrt{x^2}$.

(4) $f(x)=x, x\geqslant 0$, $\quad g(x)=\sqrt{x^2}$.

解：(1) $f(x)$ 的定义域是 $(-\infty,0)\bigcup(0,+\infty)$，$g(x)$ 的定义域是 $(0,+\infty)$，两个函数的定义域不同，因此 $f(x)$ 和 $g(x)$ 并不相同.

(2) $f(x)$ 的定义域是 $(-\infty,2)\bigcup(2,+\infty)$，$g(x)$ 的定义域是 R，定义域不同，因此 $f(x)$ 和 $g(x)$ 并不相同.

(3) $g(x)=\sqrt{x^2}=\begin{cases}x &,x\geqslant 0\\ -x &,x<0\end{cases}$，当 $x<0$ 时，$g(x)=-x$，$f(x)=x$，因此 $f(x)$ 和 $g(x)$ 并不相同.

(4) $f(x)$ 的定义域是 $[0,+\infty)$，$g(x)$ 的定义域是 R，定义域不同，因此 $f(x)$ 和 $g(x)$ 并不相同.

2. 已知 $f(x+1)=2x^2+3x-5$，求 $f(x)$，$f(x-3)$.

解：设 $t=x+1$，即 $x=t-1$，

$\therefore f(t)=2(t-1)^2+3(t-1)-5=2t^2-t-6$，

$\therefore f(x)=2x^2-x-6$，

$\therefore f(x-3)=2(x-3)^2-(x-3)-6=2x^2-13x+15$.

3. 画出函数 $y=3[x]$ 的图形.

解：函数 $y=3[x]$ 的图形如图 1.2 所示.

注意：如果函数改为函数 $y=[3x]$，它的图形会发生变化，其图如图 1.3 所示. 故画图要仔细严谨，防止差之毫厘谬以千里.

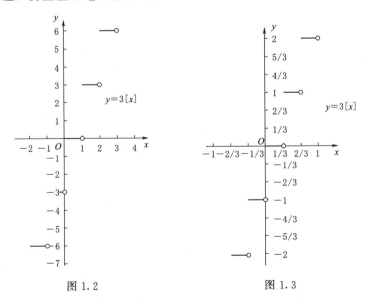

图 1.2   图 1.3

4. 下列函数是由哪些简单函数复合而成的?

(1) $y = \ln(3x+5)^2$.

(2) $y = \cos^3(2x-1)$.

(3) $y = \ln\sqrt{x^2+3}$.

(4) $y = \operatorname{arccot}[\ln(x+3)^2]$.

解: (1) $y = \ln u$, $u = v^2$, $v = 3x+5$.

(2) $y = u^3$, $u = \cos v$, $v = 2x-1$.

(3) $y = \ln u$, $u = \sqrt{v}$, $v = x^2+3$.

(4) $y = \operatorname{arccot} u$, $u = \ln v$, $v = w^2$, $w = x+3$.

5. 求 $y = x^2-2x$, $x \in [1,+\infty)$ 的反函数,并在同一直角坐标系中画出原函数和反函数的图像.

解: $\because y = x^2-2x$,

$\therefore y+1 = (x-1)^2$.

$\because x \in [1,+\infty)$,

$\therefore x-1 \geqslant 0$,

$\therefore x-1 = \sqrt{y+1}$.

即 $x = \sqrt{y+1}+1$.

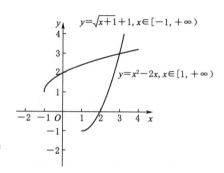

$\therefore y = x^2-2x$, $x \in [1,+\infty)$ 的反函数为: $y = \sqrt{x+1}+1$,其定义域为 $[-1,+\infty)$.

原函数和反函数的图像如图 1.4 所示.

图 1.4

习　题　1.2

1. 观察下列数列,哪些数列收敛?其极限是多少?哪些数列发散?

(1) $\{(-1)^n\}$.

(2) $\{n\}$.

(3) $\{5^n\}$.

(4) $\left\{\dfrac{1+(-1)^n}{2^n}\right\}$.

解: (1) $\{(-1)^n\} = \begin{cases} 1 & , n \text{ 为偶数} \\ -1, & n \text{ 为奇数} \end{cases}$,当 $n \to +\infty$ 时,不能趋向于一个固定的值,所以该数列极限不存在,该数列发散.

(2) $\{n\}$ 数列各项随着 n 的增大而增大,且无限增大,趋向于 $+\infty$,所以该数列极限不存在,该数列发散.

(3) $\{5^n\}$ 数列各项随着 n 的增大而增大,且无限增大,趋向于 $+\infty$,所以该数列极限不存在,该数列发散.

(4) 当 n 依次取 1, 2, 3, 4, $\cdots$, 正整数时,数列的各项依次为 0, $\dfrac{1}{2}$, 0, $\dfrac{1}{8}$, $\cdots$,

奇数项都是 0，随着 n 的增大，偶数项越来越和 0 接近．所以，也可以说随着 n 的增大，$\left\{\dfrac{1+(-1)^n}{2^n}\right\}$ 的值趋向于 0．所以这个数列收敛，其极限为 0.

2. 求下列极限：

(1) $\lim\limits_{n\to\infty}\dfrac{2}{n^2+1}$.

(2) $\lim\limits_{n\to\infty}\dfrac{4n+3}{3n-1}$.

解：(1) $\lim\limits_{n\to\infty}\dfrac{2}{n^2+1}=\lim\limits_{n\to\infty}\dfrac{\dfrac{2}{n^2}}{1+\dfrac{1}{n^2}}=0.$

(2) $\lim\limits_{n\to\infty}\dfrac{4n+3}{3n-1}=\lim\limits_{n\to\infty}\dfrac{4+\dfrac{3}{n}}{3-\dfrac{1}{n}}=\dfrac{4}{3}.$

3. 设 $f(x)=\begin{cases}x^2+1, & x<0 \\ x, & x>0\end{cases}$，画出函数 $f(x)$ 的图形，求 $\lim\limits_{x\to0^-}f(x)$ 及 $\lim\limits_{x\to0^+}f(x)$，并判断 $\lim\limits_{x\to0}f(x)$ 是否存在．

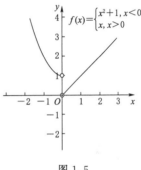

解：$f(x)=\begin{cases}x^2+1, & x<0 \\ x, & x>0\end{cases}$ 的图形如图 1.5 所示．

$\because f(x)=\begin{cases}x^2+1, & x<0 \\ x, & x>0\end{cases}$，

$\therefore \lim\limits_{x\to0^-}f(x)=\lim\limits_{x\to0^-}x^2+1=1,\quad \lim\limits_{x\to0^+}f(x)=\lim\limits_{x\to0^+}x=0.$

$\because \lim\limits_{x\to0^+}f(x)\neq\lim\limits_{x\to0^-}f(x),$

$\therefore \lim\limits_{x\to0}f(x)$ 不存在．

图 1.5

习 题 1.3

求下列极限：

(1) $\lim\limits_{x\to2}\dfrac{x^2+3}{2x^2-5}$.

(2) $\lim\limits_{x\to5}\dfrac{3x^2+1}{x-5}$.

(3) $\lim\limits_{x\to\infty}\dfrac{x^3+1}{2x^2+x-5}$.

(4) $\lim\limits_{x\to\infty}\dfrac{x^3+2x}{5x^4+3x-1}$.

(5) $\lim\limits_{x\to\infty}\dfrac{x^2+2x-3}{3x^2-5x+1}$.

(6) $\lim\limits_{x \to 1} \dfrac{x^2-1}{x^3-1}$.

(7) $\lim\limits_{x \to 2} \left(\dfrac{1}{x-2} - \dfrac{2}{x^2-4} \right)$.

(8) $\lim\limits_{x \to \infty} \dfrac{\sqrt{2x+1} - \sqrt{x+1}}{x}$.

(9) $\lim\limits_{x \to 0} \dfrac{x}{\sqrt{1+x} - \sqrt{1-x}}$.

(10) $\lim\limits_{n \to \infty} \dfrac{\sqrt{n+4} - \sqrt{n}}{\sqrt{n+5} - \sqrt{n}}$.

解： (1) $\lim\limits_{x \to 2} \dfrac{x^2+3}{2x^2-5} = \dfrac{\lim\limits_{x \to 2} x^2+3}{\lim\limits_{x \to 2} 2x^2-5} = \dfrac{4+3}{8-5} = \dfrac{7}{3}$.

(2) $\lim\limits_{x \to 5} \dfrac{3x^2+1}{x-5} = \dfrac{\lim\limits_{x \to 5} 3x^2+1}{\lim\limits_{x \to 5} x-5} = \infty$.

(3) $\lim\limits_{x \to \infty} \dfrac{x^3+1}{2x^2+x-5} = \lim\limits_{x \to \infty} \dfrac{1+\dfrac{1}{x^3}}{\dfrac{2}{x}+\dfrac{1}{x^2}-\dfrac{5}{x^3}} = \dfrac{1+\lim\limits_{x \to \infty}\dfrac{1}{x^3}}{\lim\limits_{x \to \infty}\dfrac{2}{x}+\lim\limits_{x \to \infty}\dfrac{1}{x^2}-\lim\limits_{x \to \infty}\dfrac{5}{x^3}} = \infty$.

(4) $\lim\limits_{x \to \infty} \dfrac{x^3+2x}{5x^4+3x-1} = \lim\limits_{x \to \infty} \dfrac{\dfrac{1}{x}+\dfrac{2}{x^3}}{5+\dfrac{3}{x^3}-\dfrac{1}{x^4}} = \dfrac{\lim\limits_{x \to \infty}\dfrac{1}{x}+\lim\limits_{x \to \infty}\dfrac{2}{x^3}}{5+\lim\limits_{x \to \infty}\dfrac{3}{x^3}-\lim\limits_{x \to \infty}\dfrac{1}{x^4}} = 0$.

(5) $\lim\limits_{x \to \infty} \dfrac{x^2+2x-3}{3x^2-5x+1} = \lim\limits_{x \to \infty} \dfrac{1+\dfrac{2}{x}-\dfrac{3}{x^2}}{3-\dfrac{5}{x}+\dfrac{1}{x^2}} = \dfrac{1+\lim\limits_{x \to \infty}\dfrac{2}{x}-\lim\limits_{x \to \infty}\dfrac{3}{x^2}}{3-\lim\limits_{x \to \infty}\dfrac{5}{x}+\lim\limits_{x \to \infty}\dfrac{1}{x^2}} = \dfrac{1}{3}$.

(6) $\lim\limits_{x \to 1} \dfrac{x^2-1}{x^3-1} = \lim\limits_{x \to 1} \dfrac{(x+1)(x-1)}{(x-1)(x^2+x+1)} = \lim\limits_{x \to 1} \dfrac{x+1}{x^2+x+1} = \dfrac{2}{3}$.

(7) $\lim\limits_{x \to 2} \left(\dfrac{1}{x-2} - \dfrac{2}{x^2-4} \right) = \lim\limits_{x \to 2} \dfrac{x+2-2}{x^2-4} = \lim\limits_{x \to 2} \dfrac{x}{x^2-4} = \infty$.

(8) $\lim\limits_{x \to \infty} \dfrac{\sqrt{2x+1} - \sqrt{x+1}}{x}$

$= \lim\limits_{x \to \infty} \dfrac{(\sqrt{2x+1}-\sqrt{x+1})(\sqrt{2x+1}+\sqrt{x+1})}{x(\sqrt{2x+1}+\sqrt{x+1})}$

$= \lim\limits_{x \to \infty} \dfrac{x}{x(\sqrt{2x+1}+\sqrt{x+1})}$

$= \lim\limits_{x \to \infty} \dfrac{1}{\sqrt{2x+1}+\sqrt{x+1}}$

$= 0$.

(9) $\lim\limits_{x \to 0} \dfrac{x}{\sqrt{1+x} - \sqrt{1-x}}$

$$= \lim\limits_{x \to 0} \dfrac{x\left(\sqrt{1+x} + \sqrt{1-x}\right)}{\left(\sqrt{1+x} - \sqrt{1-x}\right)\left(\sqrt{1+x} + \sqrt{1-x}\right)}$$

$$= \lim\limits_{x \to 0} \dfrac{x\left(\sqrt{1+x} + \sqrt{1-x}\right)}{2x}$$

$$= \lim\limits_{x \to 0} \dfrac{\sqrt{1+x} + \sqrt{1-x}}{2}$$

$$= 1.$$

(10) $\lim\limits_{n \to \infty} \dfrac{\sqrt{n+4} - \sqrt{n}}{\sqrt{n+5} - \sqrt{n}}$

$$= \lim\limits_{n \to \infty} \dfrac{\left(\sqrt{n+4} - \sqrt{n}\right)\left(\sqrt{n+4} + \sqrt{n}\right)\left(\sqrt{n+5} + \sqrt{n}\right)}{\left(\sqrt{n+5} - \sqrt{n}\right)\left(\sqrt{n+5} + \sqrt{n}\right)\left(\sqrt{n+4} + \sqrt{n}\right)}$$

$$= \lim\limits_{n \to \infty} \dfrac{4\left(\sqrt{n+5} + \sqrt{n}\right)}{5\left(\sqrt{n+4} + \sqrt{n}\right)}$$

$$= \lim\limits_{n \to \infty} \dfrac{4\left(\sqrt{1 + \dfrac{5}{n}} + 1\right)}{5\left(\sqrt{1 + \dfrac{4}{n}} + 1\right)}$$

$$= \dfrac{4}{5}.$$

习 题 1.4

1. 观察下列函数, 哪些是无穷小量? 哪些是无穷大量?

(1) $\dfrac{2x+3}{x}$, 当 $x \to 0$ 时.

(2) $e^{\frac{1}{x}}$, 当 $x \to 0^+$ 时.

(3) $e^{-2x} - 1$, 当 $x \to 0$ 时.

(4) $\dfrac{\cos x}{x}$, 当 $x \to \infty$ 时.

解: (1) $\because \lim\limits_{x \to 0} \dfrac{2x+3}{x} = \lim\limits_{x \to 0} \dfrac{2 + \dfrac{3}{x}}{1} = \dfrac{2 + \lim\limits_{x \to 0} \dfrac{3}{x}}{1} = \infty,$

$\therefore \dfrac{2x+3}{x}$ 当 $x \to 0$ 时是无穷大量.

(2) $\because$ 当 $x \to 0^+$ 时, $\dfrac{1}{x} \to +\infty,$

$$\therefore \lim_{x \to 0^+} e^{\frac{1}{x}} = +\infty,$$

$\therefore e^{\frac{1}{x}}$，当 $x \to 0^+$ 时是无穷大量．

(3) $\because$ 当 $x \to 0$ 时，$e^{-2x} \to 1$，

$$\therefore \lim_{x \to 0} (e^{-2x} - 1) = 0.$$

$\therefore e^{-2x} - 1$，当 $x \to 0$ 时是无穷小量．

(4) $\because \lim_{x \to \infty} \dfrac{1}{x} = 0$，也就是说当 $x \to \infty$ 时，$\dfrac{1}{x}$ 是无穷小量，而 $\cos x$ 是有界函数，根据性质：有界函数乘无穷小量仍是无穷小量．

$\therefore \dfrac{\cos x}{x}$，当 $x \to \infty$ 时是无穷小量．

2. 求下列极限：

(1) $\lim\limits_{x \to \infty} \dfrac{\sin x}{x}$.

(2) $\lim\limits_{x \to 0} (x^2 + 3x) \cos^2 \dfrac{1}{x}$.

解：(1) $\because \lim\limits_{x \to \infty} \dfrac{1}{x} = 0$，而 $\sin x$ 是有界函数，有界函数乘无穷小量仍是无穷小量．

$$\therefore \lim_{x \to \infty} \frac{\sin x}{x} = 0.$$

(2) $\because \lim\limits_{x \to 0} (x^2 + 3x) = 0$，而 $\cos^2 \dfrac{1}{x}$ 是有界函数，有界函数乘无穷小量仍是无穷小量．

$$\therefore \lim_{x \to 0} (x^2 + 3x) \cos^2 \frac{1}{x} = 0.$$

习　题　1.5

求下列极限：

(1) $\lim\limits_{x \to \infty} x \sin \dfrac{1}{x}$.

(2) $\lim\limits_{x \to 0} \dfrac{\sin 5x}{\tan 2x}$.

(3) $\lim\limits_{x \to 1} \dfrac{\sin^2 (x-1)}{x^2 - 1}$.

(4) $\lim\limits_{x \to 0} (1 - 4x)^{\frac{1}{x}}$.

(5) $\lim\limits_{x \to 0} (1 + \tan x)^{\cot x}$.

(6) $\lim\limits_{x \to \infty} \left(\dfrac{2x - 1}{2x + 1} \right)^x$.

解： (1) $\lim\limits_{x\to\infty} x\sin\dfrac{1}{x} = \lim\limits_{x\to\infty} \dfrac{\sin\dfrac{1}{x}}{\dfrac{1}{x}} = \lim\limits_{\frac{1}{x}\to 0} \dfrac{\sin\dfrac{1}{x}}{\dfrac{1}{x}} = 1.$

(2) $\lim\limits_{x\to 0} \dfrac{\sin 5x}{\tan 2x} = \lim\limits_{x\to 0} \dfrac{\sin 5x\cos 2x}{\sin 2x}$

$= \lim\limits_{x\to 0}\left(\dfrac{\sin 5x}{5x}\dfrac{5x}{2x}\dfrac{2x}{\sin 2x}\cos 2x\right)$

$= \lim\limits_{x\to 0}\dfrac{\sin 5x}{5x}\cdot\lim\limits_{x\to 0}\dfrac{5x}{2x}\cdot\lim\limits_{x\to 0}\dfrac{2x}{\sin 2x}\cdot\lim\limits_{x\to 0}\cos 2x$

$= \lim\limits_{5x\to 0}\dfrac{\sin 5x}{5x}\cdot\dfrac{5}{2}\cdot\lim\limits_{2x\to 0}\dfrac{2x}{\sin 2x}\cdot 1$

$= \dfrac{5}{2}.$

(3) $\lim\limits_{x\to 1}\dfrac{\sin^2(x-1)}{x^2-1} = \lim\limits_{x\to 1}\left[\dfrac{\sin^2(x-1)}{(x-1)(x+1)(x-1)}(x-1)\right]$

$= \lim\limits_{x\to 1}\left[\dfrac{\sin^2(x-1)}{(x-1)^2}\cdot\dfrac{x-1}{x+1}\right]$

$= \left[\lim\limits_{x\to 1}\dfrac{\sin(x-1)}{(x-1)}\right]^2\cdot\lim\limits_{x\to 1}\dfrac{x-1}{x+1}$

$= \left[\lim\limits_{(x-1)\to 0}\dfrac{\sin(x-1)}{(x-1)}\right]^2\cdot\lim\limits_{x\to 1}\dfrac{x-1}{x+1}$

$= 1\times 0 = 0.$

(4) $\lim\limits_{x\to 0}(1-4x)^{\frac{1}{x}} = \lim\limits_{x\to 0}[1+(-4x)]^{-\frac{1}{4x}\times(-4)}$

$= \{\lim\limits_{x\to 0}[1+(-4x)]^{-\frac{1}{4x}}\}^{-4}$

$= \{\lim\limits_{-4x\to 0}[1+(-4x)]^{-\frac{1}{4x}}\}^{-4}$

$= e^{-4}.$

(5) $\lim\limits_{x\to 0}(1+\tan x)^{\cot x} = \lim\limits_{x\to 0}\left(1+\dfrac{1}{\cot x}\right)^{\cot x}$

$= \lim\limits_{\cot x\to\infty}\left(1+\dfrac{1}{\cot x}\right)^{\cot x} = e.$

(6) $\lim\limits_{x\to\infty}\left(\dfrac{2x-1}{2x+1}\right)^x = \lim\limits_{x\to\infty}\dfrac{\left(1-\dfrac{1}{2x}\right)^x}{\left(1+\dfrac{1}{2x}\right)^x}$

$= \dfrac{\lim\limits_{x\to\infty}\left(1-\dfrac{1}{2x}\right)^x}{\lim\limits_{x\to\infty}\left(1+\dfrac{1}{2x}\right)^x} = \dfrac{\lim\limits_{x\to\infty}\left(1-\dfrac{1}{2x}\right)^{-2x\cdot -\frac{1}{2}}}{\lim\limits_{x\to\infty}\left(1+\dfrac{1}{2x}\right)^{2x\cdot\frac{1}{2}}}$

$$=\frac{\left[\lim\limits_{x\to\infty}\left(1-\dfrac{1}{2x}\right)^{-2x}\right]^{-\frac12}}{\left[\lim\limits_{x\to\infty}\left(1+\dfrac{1}{2x}\right)^{2x}\right]^{\frac12}}=\frac{\left[\lim\limits_{-2x\to\infty}\left(1-\dfrac{1}{2x}\right)^{-2x}\right]^{-\frac12}}{\left[\lim\limits_{2x\to\infty}\left(1+\dfrac{1}{2x}\right)^{2x}\right]^{\frac12}}$$

$$=\frac{e^{-\frac12}}{e^{\frac12}}=e^{-1}.$$

习　题　1.6

利用等价无穷小量代换计算下列极限：

（1）$\lim\limits_{x\to0}\dfrac{\tan3x}{7x}$.

（2）$\lim\limits_{x\to0}\dfrac{\arctan3x}{\sin5x}$.

（3）$\lim\limits_{x\to0}\dfrac{\sin2x}{x^3+x}$.

（4）$\lim\limits_{x\to0}\dfrac{\tan x-\sin x}{\sin^3x}$.

解：（1）∵当 $x\to0$ 时，$\tan3x\sim3x$，

∴$\lim\limits_{x\to0}\dfrac{\tan3x}{7x}=\lim\limits_{x\to0}\dfrac{3x}{7x}=\dfrac37$.

（2）∵当 $x\to0$ 时，$\arctan3x\sim3x$，$\sin5x\sim5x$，

∴$\lim\limits_{x\to0}\dfrac{\arctan3x}{\sin5x}=\lim\limits_{x\to0}\dfrac{3x}{5x}=\dfrac35$.

（3）∵当 $x\to0$ 时，$\sin2x\sim2x$，

∴$\lim\limits_{x\to0}\dfrac{\sin2x}{x^3+x}=\lim\limits_{x\to0}\dfrac{2x}{x^3+x}=\lim\limits_{x\to0}\dfrac{2}{x^2+1}=2$.

（4）∵当 $x\to0$ 时，$\sin x\sim x$，$\sin\dfrac x2\sim\dfrac x2$，

∴$\lim\limits_{x\to0}\dfrac{\tan x-\sin x}{\sin^3x}=\lim\limits_{x\to0}\dfrac{\sin x-\sin x\cos x}{\sin^3x\cos x}$

$=\lim\limits_{x\to0}\dfrac{1-\cos x}{\sin^2x\cos x}=\lim\limits_{x\to0}\dfrac{1-\cos x}{x^2\cos x}$

$=\lim\limits_{x\to0}\dfrac{2\sin^2\dfrac x2}{x^2\cos x}=\lim\limits_{x\to0}\dfrac{2\cdot\left(\dfrac x2\right)^2}{x^2\cos x}$

$=\lim\limits_{x\to0}\dfrac{\dfrac{x^2}{2}}{x^2\cos x}=\dfrac12$.

习 题 1.7

1. 找出函数 $f(x)=\begin{cases}\dfrac{1-x^2}{1+x}, & x\neq-1 \\ 0, & x=-1\end{cases}$ 的间断点，并判断间断点类型，如果是可去间断点，则补充或修改函数在该点的定义使其成为连续函数.

解：∵当 $x\neq-1$ 时，$f(x)=\dfrac{1-x^2}{1+x}=\dfrac{(1+x)(1-x)}{1+x}=1-x$，

∴$f(x)$ 在 $(-\infty,-1)\bigcup(-1,+\infty)$ 上连续.

又∵$\lim\limits_{x\to-1}f(x)=\lim\limits_{x\to-1}(1-x)=2\neq f(-1)$，

∴$x=-1$ 是 $f(x)$ 的可去间断点.

令 $f(-1)=2$，

即 $f(x)=\begin{cases}\dfrac{1-x^2}{1+x}, & x\neq-1 \\ 2, & x=-1\end{cases}$，

则此函数在整个定义域 R 上连续.

2. 设函数 $f(x)=\begin{cases}(1-x)^{\frac{1}{x}}, & x<0 \\ 2^x+a, & x\geqslant0\end{cases}$ 在 $x=0$ 处连续，求 a.

解：∵$\lim\limits_{x\to0^-}f(x)=\lim\limits_{x\to0^-}(1-x)^{\frac{1}{x}}=\lim\limits_{x\to0}(1-x)^{-\left(-\frac{1}{x}\right)}$

$=\lim\limits_{-x\to0^+}[1+(-x)]^{-\left(-\frac{1}{x}\right)}=\{\lim\limits_{-x\to0^+}[1+(-x)]^{\frac{1}{-x}}\}^{-1}=e^{-1}$.

$\lim\limits_{x\to0^+}f(x)=\lim\limits_{x\to0^+}2^x+a=1+a$.

∴$f(0)=1+a$，

∴$f(x)$ 在 $x=0$ 处连续.

∴$\lim\limits_{x\to0^-}f(x)=\lim\limits_{x\to0^+}f(x)=f(0)$，即 $e^{-1}=1+a$.

∴$a=e^{-1}-1$.

3. 证明方程 $x^3+1=4x$ 至少有一个根介于 0 和 1 之间.

证明：设 $f(x)=x^3-4x+1$，

则 $f(x)$ 在 $[0,1]$ 上连续，

且 $f(0)=1>0$，$f(1)=-2<0$，

由根的存在性定理可知，在 $(0,1)$ 内至少存在一点 ξ，使得 $f(\xi)=0$，也就是在 $(0,1)$ 内至少存在一点 ξ，使得 $x^3-4x+1=0$，即方程 $x^3+1=4x$ 至少有一个根介于 0 和 1 之间.

第2章
导数与微分

2.1 知识梳理

2.1.1 知识图谱

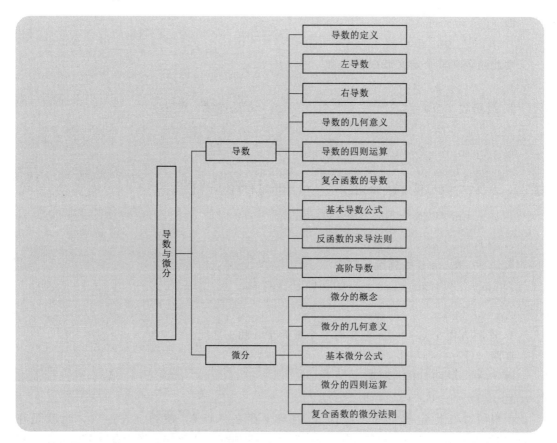

2.1.2 内容提要

本章由导数与微分两部分组成.

导数也是用极限研究函数的应用案例,逐步推导出来的 16 个基本求导公式对解题有很大帮助,需要熟记,学数学不主张大量的死记硬背,但必要的记忆还是需要的,记住一定的公式能提高解题效率，更重要的是当人的头脑中有这些公式的深刻烙印，对于激发解题思路也是非常有益的．复合函数的导数求解与是否明白复合函数的复合过程联系密切，如果学习有困难，建议复习第 1 章中复合函数的概念．

微分和导数是一脉相承的，会求导数一定会求微分，微分基本公式也可以直接从导数基本公式推导而得．但微分和导数终究不是同一个概念，这从它们的几何意义上可以很直观地看出，读者也需要注意两者的区别．

1. 导数

导数是刻画函数在某一点处变化率的概念．

函数 $y=f(x)$ 在点 x_0 处可导的充要条件是函数 $y=f(x)$ 在点 x_0 处的左、右导数都存在而且相等，这个定理也是判断函数是否在某点可导的方法之一．

函数 $y=f(x)$ 在点 x_0 处的导数 $f'(x_0)$ 在几何上表示曲线 $y=f(x)$ 在点 $P(x_0, f(x_0))$ 处的切线的斜率．

连续、可导都和极限有关，它们三者之间有一定的联系，但又有本质的区别，可以用一张表格来简要概括，见表 2.1.

表 2.1　　　　　　极限、连续、可导对比表

名称	表达式	判断条件	备　注
极限	$\lim\limits_{x \to x_0} f(x) = a$	左右极限都存在，而且相等	极限值不一定等于该点的函数值，甚至在 x_0 处有极限不一定在 x_0 处有函数值，反之亦然
连续	$\lim\limits_{x \to x_0} f(x) = f(x_0)$	左右极限都存在，而且相等，而且等于该点的函数值	在该点的极限值等于该点的函数值
可导	$f'(x_0) = \lim\limits_{\Delta x \to 0} \dfrac{\Delta y}{\Delta x} = a$	左右导数都存在，而且相等	导数值和函数值没有必然联系，但是可导一定连续

利用导数的定义去求导有时是很烦琐的，甚至有的函数的导数用导数的定义根本无法求出，通常更常用的方法是用函数和差积商的求导法则、复合函数的导数和反函数的求导法则，并通过它们推导出更多的基本导数公式来求导，但判断分段函数在分段点处的可导性时，一般应从导数的定义着手．

导数的运算法则不像极限的四则运算那么"全封闭"，只对加减运算封闭，简单地说就是：两个函数和差的导数等于这两个函数导数的和差．两个函数积商的导数运算法则就要复杂一些：

如果函数 $u(x)$、$v(x)$ 在点 x 处可导，则它们的积商（分母不为 0）在点 x 处也可导，并且

$$[u(x) \cdot v(x)]' = u'(x)v(x) + u(x)v'(x)$$

$$\left[\frac{u(x)}{v(x)}\right]' = \frac{u'(x)v(x) - u(x)v'(x)}{v^2(x)} \quad (v(x) \neq 0)$$

复合函数的因变量对自变量求导，等于因变量对中间变量求导乘以中间变量对自变量

求导，这个法则也称为链式法则，链式法则可以推广至有限次复合的函数．复合函数求导一定要分清楚复合函数的结构，明确该复合函数是由哪些基本初等函数构成的，然后依据此链式法则求解．

注意：对于复合函数 $y=f[\varphi(x)]$，令 $\varphi(x)=u$，$f'[\varphi(x)]$ 表示的是 y 对 u 求导，即 $\dfrac{dy}{du}$，而 $\{f[\varphi(x)]\}'$ 表示的是 y 对 x 求导，即 $\dfrac{dy}{dx}$．例如：如果 $y=f(\sin^2 x)$，那么 $y'=[\sin^2 x]'=f'(\sin^2 x)\cdot 2\sin x\cdot\cos x=\sin 2x f'(\sin^2 x)$．

求幂指函数 $y=[f(x)]^{g(x)}[f(x)>0]$ 的导数，可以利用公式 $N=e^{\ln N}$ 将 $y=[f(x)]^{g(x)}$ 写成 $y=e^{g(x)\ln f(x)}$，然后再利用复合函数求导法则，求得幂指函数的导数．

反函数的导数等于直接函数导数的倒数．

2. 微分

微分与导数的关系是极为密切的，函数 $y=f(x)$ 在点 x 处可微的充要条件是函数在点 x 处可导，所以也可以说，可微与可导是等价的，求微分 dy 时，也可以先求出导数 $f'(x)$，再将 $f'(x)$ 乘以 dx．

微分的几何意义是切线纵坐标的增量．

微分的运算法则与导数的运算法则类似，对加减运算封闭，即两个函数和差的微分等于这两个函数微分的和差．两个函数积商的微分运算法则就要复杂一些：

设 $u=u(x)$、$v=v(x)$ 都可微，则

$$d(uv)=v\,du+u\,dv$$

$$d\left(\frac{u}{v}\right)=\frac{v\,du-u\,dv}{v^2}\quad(v\neq 0)$$

复合函数 $y=f[\varphi(x)]$ 的微分可以写成 $dy=y'_x\,dx$ 或 $dy=y'_u\,du$，即无论 u 是自变量还是中间变量，微分形式 $dy=y'_u\,du$ 或 $dy=f'(u)\,du$ 保持不变，这一性质称为微分形式不变性．

注意：对于复合函数 $y=f[\varphi(x)]$，令 $u=\varphi(x)$，$f'[\varphi(x)]$ 表示的是 y 对 u 求导，即 $\dfrac{dy}{du}$，而 $\{f[\varphi(x)]\}'$ 表示的是 y 对 x 求导，即 $\dfrac{dy}{dx}$．例如：如果 $y=f(\sin^2 x)$，那么 $y'=[f(\sin^2 x)]'=f'(\sin^2 x)\cdot 2\sin x\cdot\cos x=2\sin 2x f'(\sin^2 x)$．

2.2　各周线上学习要求

2.2.1　第一周

（1）学习视频：《3.1 导数的概念》《3.2 左导数和右导数》《3.3 函数的可导性与连续的关系》《3.4 导数的几何意义》《3.4.1 极限、连续、可导判定方法归纳》，详见"学银在线"平台．

（2）完成布置的线上作业．

（3）教学目标：理解导数的概念；了解导数的几何意义，会用相关知识求曲线的切线和法线方程；会判断函数的可导性与连续性的关系；感受数学的抽象性；体验数学概括事

物本质属性的方法；体验常量与变量、静止与运动的异同，感受高等数学在解决变化、运动规律中的魅力；利用可导、连续的几何意义进行受挫教育，培养学生坚韧不拔的意志品格，引导学生从数学的视角理解习近平总书记在党的二十大报告中指出的"全面建设社会主义现代化国家，是一项伟大而艰巨的事业，前途光明，任重道远．"

2.2.2　第二周

（1）学习视频：《3.5 函数和差积商的求导法则》《3.6 复合函数的导数》《3.7 反函数的求导法则》《3.8 求导公式》，详见"学银在线"平台．

（2）完成布置的线上作业．

（3）教学目标：掌握函数和、差、积、商的求导方法；掌握复合函数的求导方法；理解反函数的求导方法；掌握基本初等函数的导数求法；利用复合函数的求导方法，理解将复杂劳动分解为若干个简单劳动的必要性，引导学生树立积极向上的人生观，正确面对学习和生活中遇到的困难；通过反函数的导数、初等函数的导数求法，进一步理解事物是普遍联系的观点．

2.2.3　第三周

（1）学习视频：《3.9 高阶导数》《3.10 微分的定义》《3.11 微分的几何意义》《3.12 微分的基本公式及运算法则》，详见"学银在线"平台．

（2）完成布置的作业．

（3）教学目标：理解高阶导数的概念，会求高阶导数；理解微分的概念，了解微分的几何意义；帮助学生树立抓住事物的主要矛盾和矛盾的主要方面的理念．

2.3　习题解答

习　题　2.1

1. 用导数的定义求 $y = \cos x$ 的导数．

解：用求导三步曲：

（1）求增量：$\Delta y = \cos(x + \Delta x) - \cos x = -2\sin\dfrac{x + \Delta x + x}{2}\sin\dfrac{x + \Delta x - x}{2}$

$$= -2\sin\left(x + \frac{\Delta x}{2}\right)\sin\frac{\Delta x}{2}.$$

（2）算比值：$\dfrac{\Delta y}{\Delta x} = \dfrac{-2\sin\left(x + \dfrac{\Delta x}{2}\right)\sin\dfrac{\Delta x}{2}}{\Delta x}.$

（3）求极限：$\displaystyle\lim_{\Delta x \to 0}\frac{\Delta y}{\Delta x} = \lim_{\Delta x \to 0}\frac{-2\sin\left(x + \dfrac{\Delta x}{2}\right)\sin\dfrac{\Delta x}{2}}{\Delta x} = \lim_{\Delta x \to 0}\frac{-2\sin\left(x + \dfrac{\Delta x}{2}\right)\dfrac{\Delta x}{2}}{\Delta x}$

$$= -\lim_{\Delta x \to 0}\sin\left(x + \frac{\Delta x}{2}\right) = -\sin x.$$

$\left(\text{上式推导过程中运用了等价无穷小代换，当 } \Delta x \to 0 \text{ 时，} \sin \dfrac{\Delta x}{2} \sim \dfrac{\Delta x}{2}\right)$

即 $(\cos x)' = -\sin x$.

2. 假定下列各题中 $f'(x_0)$ 均存在，用导数的定义求出下列极限：

(1) $\lim\limits_{\Delta x \to 0} \dfrac{f(x_0 - \Delta x) - f(x_0)}{\Delta x}$.

(2) $\lim\limits_{\Delta x \to 0} \dfrac{f(x_0 + \Delta x) - f(x_0 - \Delta x)}{\Delta x}$.

解：(1) $\lim\limits_{\Delta x \to 0} \dfrac{f(x_0 - \Delta x) - f(x_0)}{\Delta x} = -\lim\limits_{\Delta x \to 0} \dfrac{f(x_0 - \Delta x) - f(x_0)}{-\Delta x}$

$\qquad = -\lim\limits_{-\Delta x \to 0} \dfrac{f(x_0 - \Delta x) - f(x_0)}{-\Delta x} = -f'(x_0)$.

(2) $\lim\limits_{\Delta x \to 0} \dfrac{f(x_0 + \Delta x) - f(x_0) + f(x_0) - f(x_0 - \Delta x)}{\Delta x}$

$\qquad = \lim\limits_{\Delta x \to 0} \dfrac{f(x_0 + \Delta x) - f(x_0)}{\Delta x} + \lim\limits_{\Delta x \to 0} \dfrac{f(x_0) - f(x_0 - \Delta x)}{\Delta x}$

$\qquad = \lim\limits_{\Delta x \to 0} \dfrac{f(x_0 + \Delta x) - f(x_0)}{\Delta x} + \lim\limits_{-\Delta x \to 0} \dfrac{f(x_0 - \Delta x) - f(x_0)}{-\Delta x}$

$\qquad = f'(x_0) + f'(x_0) = 2f'(x_0)$.

3. 求下列函数的导数：

(1) $y = x^{2023}$.

(2) $y = \dfrac{\sqrt[3]{x^7}}{x^7 \sqrt[5]{x}}$.

(3) $y = \ln 3$.

(4) $y = \log_5 x$.

(5) $y = 2030^x$.

解：(1) $y' = 2023 x^{2022}$.

(2) $\because y = \dfrac{\sqrt[3]{x^7}}{x^7 \sqrt[5]{x}} = \dfrac{x^{\frac{7}{3}}}{x^{7\frac{1}{5}}} = x^{-\frac{73}{15}}$,

$\therefore y' = -\dfrac{73}{15} x^{-\frac{88}{15}}$.

(3) $\because \ln 3$ 是常数,

$\therefore y' = 0$.

(4) $y' = \dfrac{1}{x \ln 5}$.

(5) $y' = 2030^x \ln 2030$.

4. 讨论下列函数在 $x = 0$ 处是否连续、是否可导.

(1) $y = |\sin x|$.

(2) $y = |\cos x|$.

(3) $y = \begin{cases} x\sin\dfrac{1}{x}, & x \neq 0 \\ 0, & x = 0 \end{cases}$.

解：(1) 由 $y = |\sin x|$ 可得：在 $x=0$ 附近，$f(x) = y = \begin{cases} -\sin x, & x \leqslant 0 \\ \sin x, & x > 0 \end{cases}$,

$\therefore \lim\limits_{x \to 0^-} f(x) = \lim\limits_{x \to 0^-}(-\sin x) = 0$,

$\lim\limits_{x \to 0^+} f(x) = \lim\limits_{x \to 0^+}\sin x = 0$,

且当 $x=0$ 时，$y=0$,

即 $y = |\sin x|$ 在 0 点左极限和右极限相等，且与 $x=0$ 时的 y 值相等.

$\therefore y = |\sin x|$ 在 $x=0$ 处连续，

而在 $x=0$ 附近，$f'(x) = \begin{cases} -\cos x, & x \leqslant 0 \\ \cos x, & x > 0 \end{cases}$,

$\because f'_-(0) = -\cos x \big|_{x=0} = -1$.

$f'_+(0) = \cos x \big|_{x=0} = 1$.

即 $y = |\sin x|$ 在 0 点左导数和右导数不相等.

$\therefore y = |\sin x|$ 在 $x=0$ 不可导.

(2) 由 $y = |\cos x|$ 可得：在 $x=0$ 附近，$f(x) = y = \cos x$,

$\therefore \lim\limits_{x \to 0^-}|\cos x| = 1$, $\lim\limits_{x \to 0^+}|\cos x| = 1$, 且当 $x=0$ 时，$y=1$,

即 $y = |\cos x|$ 在 0 点左极限和右极限相等，且与 $x=0$ 时的 y 值相等.

$\therefore y = |\cos x|$ 在 $x=0$ 处连续.

而在 $x=0$ 附近，$f'(x) = -\sin x$,

$\because f'_-(0) = -\sin x \big|_{x=0} = 0$,

$f'_+(0) = -\sin x \big|_{x=0} = 0$,

即 $y = |\cos x|$ 在 0 点左导数和右导数相等.

$\therefore y = |\cos x|$ 在 $x=0$ 可导.

(3) $\because f(x) = y = \begin{cases} x\sin\dfrac{1}{x}, & x \neq 0 \\ 0, & x = 0 \end{cases}$,

$\therefore \lim\limits_{x \to 0} f(x) = \lim\limits_{x \to 0} x\sin\dfrac{1}{x} = 0 = f(0)$,

$\therefore f(x)$ 在 $x=0$ 点处连续.

$\because \lim\limits_{x \to 0}\dfrac{f(x)-f(0)}{x-0} = \lim\limits_{x \to 0}\dfrac{x\sin\dfrac{1}{x}}{x} = \lim\limits_{x \to 0}\sin\dfrac{1}{x}$,

而 $\lim\limits_{x \to 0}\sin\dfrac{1}{x}$ 是不存在的.

$\therefore f(x)$ 在 $x=0$ 点处不可导.

5. 讨论如果函数 $y=f(x)$ 在点 x_0 的导数 $f'(x_0)=\infty$ 或 $f'(x_0)=0$ 时，函数 $y=f(x)$ 在点 $P(x_0,f(x_0))$ 处的法线方程情况.

解：如果函数 $y=f(x)$ 在点 x_0 的导数 $f'(x_0)=\infty$，则说明在点 $P(x_0,f(x_0))$ 处的切线垂直于 x 轴，对应的法线平行于 x 轴，所以在点 $P(x_0,f(x_0))$ 的法线情况为 $y=f(x_0)$.

如果函数 $y=f(x)$ 在点 x_0 的导数 $f'(x_0)=0$，则说明在点 $P(x_0,f(x_0))$ 处的切线平行于 x 轴，对应的法线垂直于 x 轴，所以在点 $P(x_0,f(x_0))$ 的法线情况为 $x=x_0$.

6. 求曲线 $y=\cos x$ 上的点 $\left(-\dfrac{\pi}{3},\dfrac{1}{2}\right)$ 处的切线方程和法线方程.

解：$\because y=\cos x$，

$\therefore y'=-\sin x$.

故切线的斜率 $k_{切线}=y'\big|_{x=-\frac{\pi}{3}}=-\sin\left(-\dfrac{\pi}{3}\right)=\dfrac{\sqrt{3}}{2}$.

切线方程为：$y-\dfrac{1}{2}=\dfrac{\sqrt{3}}{2}\left(x+\dfrac{\pi}{3}\right)$.

即 $\dfrac{\sqrt{3}}{2}x-y+\dfrac{\sqrt{3}\,\pi+3}{6}=0$.

法线的斜率 $k_{法线}=-\dfrac{1}{k_{切线}}=-\dfrac{2\sqrt{3}}{3}$.

法线方程为：$y-\dfrac{1}{2}=-\dfrac{2\sqrt{3}}{3}\left(x+\dfrac{\pi}{3}\right)$.

即 $\dfrac{2\sqrt{3}}{3}x+y-\dfrac{9-4\sqrt{3}\,\pi}{18}=0$.

习 题 2.2

1. 求下列函数的导数.

(1) $y=x^3+3x\cos x$.

(2) $y=\dfrac{1+\sin x}{1-\cos x}$.

(3) $y=\tan x+\mathrm{e}^x-2\operatorname{arccot}x$.

(4) $y=(x-a)(x-b)$ 其中 a，b 为常数.

(5) $y=2\arcsin x+\sqrt[5]{x}-\dfrac{1}{\mathrm{e}^3}\arccos x$.

解：(1) $y'=3x^2+3\cos x-3x\sin x$.

(2) $y'=\dfrac{\cos x(1-\cos x)-\sin x(1+\sin x)}{(1-\cos x)^2}$

$\qquad =\dfrac{\cos x-\cos^2 x-\sin x-\sin^2 x}{(1-\cos x)^2}=\dfrac{\cos x-\sin x-1}{(1-\cos x)^2}$.

(3) $y' = \sec^2 x + e^x + \dfrac{2}{1+x^2}$.

(4) $y' = (x-b) + (x-a) = 2x - a - b$.

(5) $y' = \dfrac{2}{\sqrt{1-x^2}} + \dfrac{1}{5}x^{-\frac{4}{5}} + \dfrac{1}{e^3\sqrt{1-x^2}}$.

2. 求下列函数的导数.

(1) $y = x\sqrt{1+x^2}$.

(2) $y = \dfrac{x}{\sqrt{4-x^2}}$.

(3) $y = (x^2 - x)^6$.

(4) $y = \ln(\tan x)$.

(5) $y = (\sin\sqrt{1-2x})^2$.

解: (1) $y' = \sqrt{1+x^2} + \dfrac{x}{2\sqrt{1+x^2}} \cdot 2x = \sqrt{1+x^2} + \dfrac{x^2}{\sqrt{1+x^2}} = \dfrac{1+2x^2}{\sqrt{1+x^2}}$.

(2) $y' = \dfrac{\sqrt{4-x^2} - x \cdot \dfrac{1}{2\sqrt{4-x^2}} \cdot (-2x)}{4-x^2} = \dfrac{\sqrt{4-x^2} + \dfrac{x^2}{\sqrt{4-x^2}}}{4-x^2} = \dfrac{4}{(4-x^2)^{\frac{3}{2}}}$.

(3) $y' = 6(x^2 - x)^5(2x - 1)$.

(4) $y' = \dfrac{1}{\tan x} \cdot \sec^2 x = \sec x \cdot \csc x$.

(5) $y' = 2\sin\sqrt{1-2x} \cdot \cos\sqrt{1-2x} \cdot \dfrac{1}{2\sqrt{1-2x}} \cdot (-2) = -\dfrac{2\sin\sqrt{1-2x} \cdot \cos\sqrt{1-2x}}{\sqrt{1-2x}}$

$\qquad = -\dfrac{\sin 2\sqrt{1-2x}}{\sqrt{1-2x}}$.

3. 已知 $f(x)$ 可导,求下列函数的导数.

(1) $y = [f(x)]^2$.

(2) $y = \arctan[f(x)]^2$.

(3) $y = \ln\{1 + [f(x)]^2\}$.

解: 因为 $f(x)$ 可导,可令其导数为 $f'(x)$,再利用复合函数的导数方法求解.

(1) $y' = 2f(x)f'(x)$.

(2) $y' = \dfrac{1}{1+[f(x)]^4} \cdot 2f(x)f'(x) = \dfrac{2f(x)f'(x)}{1+[f(x)]^4}$.

(3) $y' = \dfrac{1}{1+[f(x)]^2} 2f(x)f'(x) = \dfrac{2f(x)f'(x)}{1+[f(x)]^2}$.

4. 如果把定理 2.2.3 中的"单调"两字去掉,结论还成立吗?为什么?

解: 定理 2.2.3 是:"如果单调函数 $x = \varphi(y)$ 在某区间内可导,且 $\varphi'(y) \neq 0$,那么它的反函数 $y = f(x)$ 在对应区间内也可导,且有 $f'(x) = \dfrac{1}{\varphi'(y)}$,即反函数的导数等于

直接函数导数的倒数．"

如果把这个定理中的"单调"两字去掉，结论是不成立的．

首先，如果函数 $x=\varphi(y)$ 不是单调函数，其反函数都不一定存在．比如，如果 y 取 y_1、y_2 时所对应的 x 值都是 x_1，那么反过来也就是 x 取 x_1 时，对应的 y 值就有两个：y_1 和 y_2，这不满足函数的定义要求，作为函数是对于定义域中的任意值，有且只有唯一的一个值与之对应．

其次，从等式 $f'(x)=\dfrac{1}{\varphi'(y)}$ 中，也可以看出函数 $x=\varphi(y)$ 必须是单调函数，因为 $\varphi'(y)=\lim\limits_{\Delta y\to 0}\dfrac{\Delta x}{\Delta y}$，如果不是单调函数，则 Δx 可能为 0，也就是 $\dfrac{1}{\varphi'(y)}$ 的分母可能就为 0 了．

5. 求下列函数的二阶导数．

(1) $y=2x\cos x$．

(2) $y=(x^2-1)\arctan x$．

(3) $y=\ln(x+\sqrt{1+x^2})$．

解：(1) $y'=2\cos x-2x\sin x$，

$y''=-2\sin x-2\sin x-2x\cos x=-4\sin x-2x\cos x$．

(2) $y'=2x\arctan x+(x^2-1)\dfrac{1}{1+x^2}=2x\arctan x+\dfrac{x^2-1}{1+x^2}$．

$$y''=2\arctan x+2x\dfrac{1}{1+x^2}+\dfrac{2x(1+x^2)-(x^2-1)2x}{(1+x^2)^2}$$

$$=2\arctan x+\dfrac{2x}{1+x^2}+\dfrac{4x}{(1+x^2)^2}．$$

(3) $y'=\dfrac{1}{x+\sqrt{1+x^2}}\left[1+\dfrac{1}{2}(1+x^2)^{-\frac{1}{2}}2x\right]$

$$=\dfrac{1}{x+\sqrt{1+x^2}}\cdot\left(1+\dfrac{x}{\sqrt{1+x^2}}\right)=\dfrac{1}{x+\sqrt{1+x^2}}\cdot\dfrac{x+\sqrt{1+x^2}}{\sqrt{1+x^2}}$$

$$=\dfrac{1}{\sqrt{1+x^2}}．$$

$$y''=\dfrac{-\dfrac{1}{2}(1+x^2)^{-\frac{1}{2}}2x}{1+x^2}=-x(1+x^2)^{-\frac{3}{2}}．$$

6. 求下列函数的 n 阶导数 $y^{(n)}$．

(1) $y=\cos x$．

(2) $y=x^\mu$（μ 是任意常数）．

解：(1) $y'=-\sin x=\cos\left(x+\dfrac{\pi}{2}\right)$．

$$y''=-\sin\left(x+\dfrac{\pi}{2}\right)=\cos\left(x+\dfrac{\pi}{2}\cdot 2\right)．$$

$$y''' = -\sin\left(x + \frac{\pi}{2} \cdot 2\right) = \cos\left(x + \frac{\pi}{2} \cdot 3\right).$$

$$y^{(n)} = \cos\left(x + \frac{n\pi}{2}\right).$$

(2) $y' = \mu x^{\mu-1}.$

$y'' = \mu(\mu-1)x^{\mu-2}.$

$y''' = \mu(\mu-1)(\mu-2)x^{\mu-3}.$

$y^{(n)} = \mu(\mu-1)\cdots(\mu-n+1)x^{\mu-n}.$

特别的，当 $\mu = n$（正整数）时：

$(x^n)^{(n)} = n(n-1)(n-2)(n-3)\cdots 3 \times 2 \times 1 = n!,$

$(x^n)^{(n+1)} = 0.$

习　题　2.3

1. 已知 $y = x^3 - 2x + 1$，计算在当 $x = 1$，Δx 分别等于 0.1、0.01 时的 Δy、$\mathrm{d}y$.

解：$\because \Delta y = (x + \Delta x)^3 - 2(x + \Delta x) + 1 - x^3 + 2x - 1 = 3x^2\Delta x + 3x(\Delta x)^2 + (\Delta x)^3 - 2\Delta x,$

$\therefore$ 当 $x = 1$，$\Delta x = 0.1$ 时，

$\Delta y = 3 \times 1^2 \times 0.1 + 3 \times 1 \times 0.1^2 + 0.1^3 - 2 \times 0.1 = 0.131.$

由 $y = x^3 - 2x + 1$ 可得：$y' = 3x^2 - 2,$

$\therefore \mathrm{d}y = y'\mathrm{d}x = (3x^2 - 2)\mathrm{d}x.$

$\mathrm{d}y \Big|_{\substack{x=1 \\ \Delta x = 0.1}} = (3 \times 1^2 - 2) \times 0.1 = 0.1.$

$\therefore$ 当 $x = 1$，$\Delta x = 0.01$ 时，

$\Delta y = 3 \times 1^2 \times 0.01 + 3 \times 1 \times 0.01^2 + 0.01^3 - 2 \times 0.01 = 0.010301.$

$\mathrm{d}y \Big|_{\substack{x=1 \\ \Delta x = 0.01}} = (3 \times 1^2 - 2) \times 0.01 = 0.01.$

2. 求下列函数的微分：

(1) $y = \dfrac{1}{x}.$

(2) $y = x^2\cos 3x.$

(3) $y = \dfrac{\mathrm{e}^{2x}}{\sqrt{x^2+1}}.$

(4) $y = \dfrac{1}{a}\arctan\dfrac{x}{a}$　$(a \neq 0).$

解：(1) $\mathrm{d}y = -\dfrac{1}{x^2}\mathrm{d}x.$

(2) $\mathrm{d}y = [2x\cos 3x + x^2(-\sin 3x) \cdot 3]\mathrm{d}x = (2x\cos 3x - 3x^2\sin 3x)\mathrm{d}x.$

(3) $\mathrm{d}y = \dfrac{2\mathrm{e}^{2x}\sqrt{x^2+1} - \dfrac{\mathrm{e}^{2x}}{2\sqrt{x^2+1}} \cdot 2x}{x^2+1}\mathrm{d}x = \dfrac{2\mathrm{e}^{2x}(x^2+1) - x \cdot \mathrm{e}^{2x}}{(x^2+1)^{\frac{3}{2}}}\mathrm{d}x$

$$= \frac{\mathrm{e}^{2x}(2x^2-x+2)}{(x^2+1)^{\frac{3}{2}}}\mathrm{d}x.$$

（4）$\mathrm{d}y = \frac{1}{a} \cdot \frac{1}{1+\frac{x^2}{a^2}} \cdot \frac{1}{a}\mathrm{d}x = \frac{\mathrm{d}x}{a^2+x^2}.$

3. 在括号中填入适当的函数，使等式成立.

（1）$x\,\mathrm{d}x = \mathrm{d}\ (\quad).$

（2）$\frac{1}{\sqrt{1-x^2}}\mathrm{d}x = \mathrm{d}\ (\quad).$

（3）$\frac{1}{a^2+x^2}\mathrm{d}x = \mathrm{d}\ (\quad).$

解：（1）$x\,\mathrm{d}x = \mathrm{d}\left(\frac{x^2}{2}\right).$

（2）$\frac{1}{\sqrt{1-x^2}}\mathrm{d}x = \mathrm{d}(\arcsin x).$

（3）$\frac{1}{a^2+x^2}\mathrm{d}x = \mathrm{d}\left(\frac{1}{a}\arctan\frac{x}{a}\right) \quad (a \neq 0).$

第 3 章

导数的应用

3.1 知识梳理

3.1.1 知识图谱

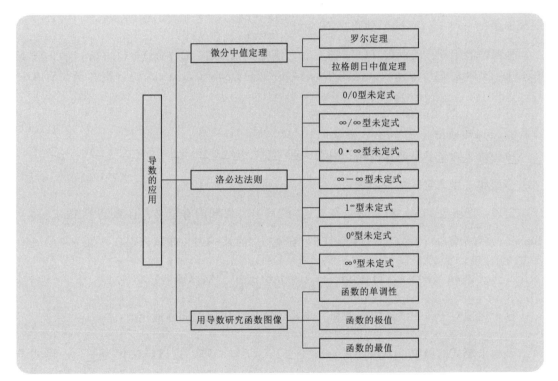

3.1.2 内容提要

本章由微分中值定理、洛必达法则和用导数研究函数图像三部分组成.

微分中值定理揭示了函数在某区间上的整体性质与函数在该区间内某一点处的导数之间的关系. 罗尔定理是拉格朗日中值定理的特例, 拉格朗日中值定理的两个推论是导数应用的两个例子. 拉格朗日中值定理还可以推广到柯西中值定理, 柯西中值定理在《大学文科数学》中未写入, 在此进行补充.

要注意的是微分中值定理仅指出中值点 ξ 是开区间 (a,b) 内的某个点, 并没有指出是哪个具体的点.

洛必达法则的威力是巨大的,可以解决很多未定式的极限,但是洛必达法则不能用时,并不代表极限一定不存在,要考虑用其他方法解决问题,比如当 $\lim\dfrac{f'(x)}{g'(x)}$ 不存在也不是无穷大时,$\lim\dfrac{f(x)}{g(x)}$ 也可能存在.

用导数研究函数的图像是导数的典型应用,由导数可以轻松判断函数的单调性、极值、最值等情况,根据函数的单调性、极值、最值等又可以判断函数图像的基本结构,解决了一个初等数学中的大难题.

1. 微分中值定理

罗尔定理:若函数 $f(x)$ 满足下列条件:① $f(x)\in C[a,b]$;② $f(x)\in D(a,b)$;③ $f(a)=f(b)$,则至少存在一点 $\xi\in(a,b)$,使得 $f'(\xi)=0$.

拉格朗日中值定理:若函数 $f(x)$ 满足下列条件:① $f(x)\in C[a,b]$;② $f(x)\in D(a,b)$,则至少存在一点 $\xi\in(a,b)$,使得 $f'(\xi)=\dfrac{f(b)-f(a)}{b-a}$.

柯西中值定理:若函数 $f(x)$ 和 $g(x)$ 满足下列条件:① $f(x)\in C[a,b]$,$g(x)\in C[a,b]$;② $f(x)\in D(a,b)$,$g(x)\in D(a,b)$;③ $g'(x)\neq 0$,$x\in(a,b)$,则在至少存在一点 $\xi\in(a,b)$,使得 $\dfrac{f(b)-f(a)}{g(b)-g(a)}=\dfrac{f'(\xi)}{g'(\xi)}$.

2. 洛必达法则

洛必达法则是"不能代则化"的又一种"化"法.

$\dfrac{0}{0}$ 型和 $\dfrac{\infty}{\infty}$ 型未定式的极限求法:

定理:设函数 $f(x)$ 和 $g(x)$ 在点 x_0 的某去心邻域内有定义,且满足① $\lim\limits_{x\to x_0}f(x)=\lim\limits_{x\to x_0}g(x)=0$(或 ∞);② $f'(x)$ 和 $g'(x)$ 在点 x_0 的某一去心邻域内存在,且 $g'(x)\neq 0$;③ $\lim\limits_{x\to x_0}\dfrac{f'(x)}{g'(x)}=a$(或 ∞),则有 $\lim\limits_{x\to x_0}\dfrac{f(x)}{g(x)}=\lim\limits_{x\to x_0}\dfrac{f'(x)}{g'(x)}=a$(或 ∞).

这个定理对于 $x\to\infty$ 时的 $\dfrac{0}{0}$ 型和 $\dfrac{\infty}{\infty}$ 型未定式的极限问题同样适用.

其他未定式的极限:$0\cdot\infty$、$\infty-\infty$、1^{∞}、0^{0}、∞^{0} 等,可以设法化为 $\dfrac{\infty}{\infty}$、$\dfrac{0}{0}$ 形式予以解决.

3. 用导数研究函数的图像

有关函数的单调性,有以下定理:设函数 $y=f(x)$ 在闭区间 $[a,b]$ 上连续,在开区间 (a,b) 内可导,则

(1) 如果在开区间 (a,b) 内 $f'(x)\geqslant 0$,且等号仅在有限多个点处成立,那么函数 $y=f(x)$ 在闭区间 $[a,b]$ 上单调增加.

(2) 如果在开区间 (a,b) 内 $f'(x)\leqslant 0$,且等号仅在有限多个点处成立,那么函数 $y=f(x)$ 在闭区间 $[a,b]$ 上单调减少.

极大值与极小值统称为极值，函数的极值概念是一个局部概念，函数在 x_0 取得极大（或极小）值，仅表示在局部范围内 $f(x_0)$ 大于（或小于）x_0 邻近处的函数值．因此，一个定义在 $[a,b]$ 上的函数，在 $[a,b]$ 上可以有许多极值，且极大值有可能小于极小值．

极值点只可能是驻点或导数不存在的点，但反过来不一定成立，也就是说驻点和导数不存在的点不一定是极值点．判断极值存在可以使用极值存在的第一充分条件定理和极值存在的第二充分条件定理，但这两个条件是充分而非必要的．

函数的最值概念就是全局性的概念，这与极值是一个"局部"的概念不同．函数在某个闭区间上的最值也可能发生在边界，求连续函数 $f(x)$ 在 $[a,b]$ 上的最大值和最小值可按如下步骤进行：

（1）求出函数 $f(x)$ 在 (a,b) 内，使得 $f'(x)=0$ 的点的函数值．

（2）求出函数 $f(x)$ 在 (a,b) 内，使得 $f'(x)$ 不存在的点的函数值．

（3）求出端点处的函数值 $f(a)$、$f(b)$．

（4）比较上述函数值，最大者就是函数 $f(x)$ 在 $[a,b]$ 上的最大值，最小者就是函数 $f(x)$ 在 $[a,b]$ 上的最小值．

有时在实际问题中，往往根据问题的性质便可断定可导函数 $f(x)$ 在其区间内部确有最大值或最小值，而当 $f(x)$ 在此区间内部只有一个驻点 x_0 时，立即可以断定 $f(x_0)$ 就是所求的最大值或最小值．

3.2 各周线上学习要求

3.2.1 第一周

（1）学习视频：《4.1 罗尔定理》《4.2 拉格朗日中值定理》《4.3 初识未定式的极限》《4.4 未定式 0 比 0 型的极限》《4.5 未定式无穷大比无穷大型的极限》《4.6 其他未定式的极限》，详见"学银在线"平台．

（2）完成布置的线上作业．

（3）教学目标：掌握罗尔中值定理，理解拉格朗日中值定理；掌握洛必达法则；通过介绍罗尔的生平渗透课程思政，教育学生不要屈服于家庭的清贫，要把艰苦的条件当做磨砺自己的工具；倡导实事求是的科学精神，"吾爱吾身吾更爱真理"；鼓励学生做科学研究要坐得了冷板凳；极限计算中运用洛必达法则使一个解决不了的极限问题，通过转变形式化为另一个能够解决的极限问题，培养学生用发展的观点看问题，用辩证的思想处理问题的思维方式；利用 0 乘无穷大、无穷大减无穷大等未定式，渗透量变、质变，"近朱者赤，近墨者黑"等辩证唯物主义观点．

3.2.2 第二周

（1）学习视频：《4.7 函数的单调性》《4.8 函数的极值》《4.9 函数的最大值和最小值》，详见"学银在线"平台．

（2）完成布置的线上作业．

（3）教学目标：掌握函数单调性判断的方法，会利用二阶导数判定极值点；会求函数的极值和最值；训练学生运用微分思想解决实际问题的能力；通过最值教育学生"君子爱财取之有道".

3.3 习题解答

习 题 3.1

1. 验证函数 $f(x) = x^3 + 4x^2 - 7x - 10$ 在 $[-1,2]$ 上满足罗尔中值定理的条件，并求出使 $f'(\xi) = 0$ 的点 ξ.

解： $\because f(x) = x^3 + 4x^2 - 7x - 10$ 是初等函数，

$\therefore f(x) = x^3 + 4x^2 - 7x - 10$ 在 $[-1,2]$ 上连续.

显然 $f(x) = x^3 + 4x^2 - 7x - 10$ 在 $(-1,2)$ 内可导，

且 $f(-1) = f(2) = 0$，

所以函数 $f(x) = x^3 + 4x^2 - 7x - 10$ 满足罗尔中值定理的三个条件.

$\because f'(x) = 3x^2 + 8x - 7$，

$\therefore$ 令 $f'(\xi) = 0$，即 $3\xi^2 + 8\xi - 7 = 0$.

得 $\xi_1 = \dfrac{-4 + \sqrt{37}}{3}$，$\xi_2 = \dfrac{-4 - \sqrt{37}}{3}$（舍去），

即满足 $f'(\xi) = 0$ 的点 $\xi = \dfrac{-4 + \sqrt{37}}{3}$.

2. 验证函数 $y = \cos x$ 在 $\left[0, \dfrac{\pi}{2}\right]$ 上满足拉格朗日中值定理的条件，并求出相应的 ξ.

解： $\because$ 函数 $y = \cos x$ 在其定义域 $(-\infty, +\infty)$ 上都是连续可导的，

$\therefore$ 函数 $y = \cos x$ 在 $\left[0, \dfrac{\pi}{2}\right]$ 上是连续的，在 $\left(0, \dfrac{\pi}{2}\right)$ 内是可导的.

$\therefore$ 函数 $y = \cos x$ 在 $\left[0, \dfrac{\pi}{2}\right]$ 上满足拉格朗日中值定理的条件.

$\because f'(x) = (\cos x)' = -\sin x$，

$\therefore$ 根据拉格朗日中值定理，$\exists \xi \in \left(0, \dfrac{\pi}{2}\right)$，使得 $f'(\xi) = \dfrac{\cos \dfrac{\pi}{2} - \cos 0}{\dfrac{\pi}{2} - 0}$，

即 $-\sin \xi = \dfrac{\cos \dfrac{\pi}{2} - \cos 0}{\dfrac{\pi}{2} - 0} = \dfrac{-1}{\dfrac{\pi}{2}} = -\dfrac{2}{\pi}$，

即 $\sin \xi = \dfrac{2}{\pi}$，$\xi = \arcsin \dfrac{2}{\pi}$.

习　题　3.2

求下列极限：

(1) $\lim\limits_{x\to 1}\dfrac{x^{2023}-1}{x-1}$.

(2) $\lim\limits_{x\to 0^{+}}\dfrac{\ln x}{1+\ln\sin x}$.

(3) $\lim\limits_{x\to 0}\dfrac{\sin ax}{\sin bx}$（$a$、$b$ 为常数，且 $b\neq 0$）.

(4) $\lim\limits_{x\to \frac{\pi}{2}}\dfrac{\tan 3x}{\tan x}$.

(5) $\lim\limits_{x\to 0}x\cot 2x$.

(6) $\lim\limits_{x\to 1}x^{\frac{1}{1-x}}$.

(7) $\lim\limits_{x\to 0^{+}}(\tan x)^{\sin x}$.

(8) $\lim\limits_{x\to 0^{+}}(\cot x)^{\sin x}$.

解：(1) $\lim\limits_{x\to 1}\dfrac{x^{2023}-1}{x-1}=\lim\limits_{x\to 1}\dfrac{2023x^{2022}}{1}=2023$.

(2) $\lim\limits_{x\to 0^{+}}\dfrac{\ln x}{1+\ln\sin x}=\lim\limits_{x\to 0^{+}}\dfrac{\dfrac{1}{x}}{\dfrac{1}{\sin x}\cdot\cos x}=\lim\limits_{x\to 0^{+}}\dfrac{\sin x}{x\cos x}=\lim\limits_{x\to 0^{+}}\dfrac{\sin x}{x}\cdot\lim\limits_{x\to 0^{+}}\dfrac{1}{\cos x}=1$.

(3) $\lim\limits_{x\to 0}\dfrac{\sin ax}{\sin bx}=\lim\limits_{x\to 0}\dfrac{a\cos ax}{b\cos bx}=\dfrac{a}{b}$.

(4) $\lim\limits_{x\to \frac{\pi}{2}}\dfrac{\tan 3x}{\tan x}=\lim\limits_{x\to \frac{\pi}{2}}\dfrac{\dfrac{\sin 3x}{\cos 3x}}{\dfrac{\sin x}{\cos x}}=\lim\limits_{x\to \frac{\pi}{2}}\dfrac{\sin 3x}{\sin x}\cdot\dfrac{\cos x}{\cos 3x}=\lim\limits_{x\to \frac{\pi}{2}}\dfrac{\sin 3x}{\sin x}\cdot\lim\limits_{x\to \frac{\pi}{2}}\dfrac{\cos x}{\cos 3x}$

$$=-\lim\limits_{x\to \frac{\pi}{2}}\dfrac{\cos x}{\cos 3x}=-\lim\limits_{x\to \frac{\pi}{2}}\dfrac{-\sin x}{-3\sin 3x}=\dfrac{1}{3}.$$

(5) $\lim\limits_{x\to 0}x\cot 2x=\lim\limits_{x\to 0}\dfrac{x}{\tan 2x}=\lim\limits_{x\to 0}\dfrac{1}{2\sec^{2}2x}=\dfrac{1}{2}$.

(6) 令 $y=x^{\frac{1}{1-x}}$，

则 $\ln y=\ln x^{\frac{1}{1-x}}=\dfrac{1}{1-x}\ln x=\dfrac{\ln x}{1-x}$.

$\therefore \lim\limits_{x\to 1}\ln y=\lim\limits_{x\to 1}\dfrac{\ln x}{1-x}=\lim\limits_{x\to 1}\dfrac{\dfrac{1}{x}}{-1}=-1$.

$\therefore \lim\limits_{x\to 1}y=\mathrm{e}^{-1}$，即 $\lim\limits_{x\to 1}x^{\frac{1}{1-x}}=\mathrm{e}^{-1}$.

（7）$\lim\limits_{x\to 0^+}(\tan x)^{\sin x}=\lim\limits_{x\to 0^+}\mathrm{e}^{\sin x\ln\tan x}=\mathrm{e}^{\lim\limits_{x\to 0^+}\sin x\ln\tan x}=\mathrm{e}^{\lim\limits_{x\to 0^+}\frac{\ln\tan x}{\csc x}}=\mathrm{e}^{\lim\limits_{x\to 0^+}\frac{\frac{1}{\tan x}\sec^2 x}{-\cot x\csc x}}$

$$=\mathrm{e}^{\lim\limits_{x\to 0^+}\frac{\frac{\cos x}{\sin x}\cdot\frac{1}{\cos^2 x}}{-\frac{\cos x}{\sin x}\cdot\frac{1}{\sin x}}}=\mathrm{e}^{\lim\limits_{x\to 0^+}\frac{\sin x}{-\cos^2 x}}=\mathrm{e}^0=1.$$

解析：首先，将原式 $\lim\limits_{x\to 0^+}(\tan x)^{\sin x}$ 变形为 $\lim\limits_{x\to 0^+}\mathrm{e}^{\sin x\ln\tan x}$.

其次，因为指数部分的极限是未定式，所以继续对指数部分求极限，即 $\lim\limits_{x\to 0^+}\sin x\ln\tan x$.

然后，将其变形为 $\lim\limits_{x\to 0^+}\dfrac{\ln\tan x}{\frac{1}{\sin x}}$，即 $\lim\limits_{x\to 0^+}\dfrac{\ln\tan x}{\csc x}$. 使用洛必达法则，分子分母同时求

导，分子求导为 $\dfrac{1}{\tan x}\cdot\sec^2 x$，分母求导为 $-\cot x\csc x$，化简得到 $\lim\limits_{x\to 0^+}\dfrac{\sin x}{-\cos^2 x}$.

最后，当 $x\to 0^+$ 时，极限值为 0，所以原式的极限为 $\mathrm{e}^0=1$.

注意：对于幂指函数求极限、求导，先将幂指函数化为指数形式，即运用恒等式 $u^v=\mathrm{e}^{v\ln u}$（$u>0$，$u\neq 1$），再求解是一种常用的方法. 有关幂指函数求导，本书在第 2 章中已有介绍，大家可以联系起来学习.

（8）$\lim\limits_{x\to 0^+}(\cot x)^{\sin x}=\lim\limits_{x\to 0^+}\mathrm{e}^{\sin x\ln\cot x}=\mathrm{e}^{\lim\limits_{x\to 0^+}\sin x\ln\cot x}=\mathrm{e}^{\lim\limits_{x\to 0^+}\frac{\ln\cot x}{\csc x}}=\mathrm{e}^{\lim\limits_{x\to 0^+}\frac{\frac{1}{\cot x}\cdot\left(-\frac{1}{\sin^2 x}\right)}{-\cot x\csc x}}$

$$=\mathrm{e}^{\lim\limits_{x\to 0^+}\frac{\frac{\sin x}{\cos x}\cdot\frac{1}{\sin^2 x}}{\frac{\cos x}{\sin x}\cdot\frac{1}{\sin x}}}=\mathrm{e}^{\lim\limits_{x\to 0^+}\frac{\sin x}{\cos^2 x}}=\mathrm{e}^0=1.$$

解析：与第（7）题类似，为了方便计算，首先将原式变形为指数形式，即 $\lim\limits_{x\to 0^+}\mathrm{e}^{\sin x\ln\cot x}$；

然后根据指数函数的性质，先计算指数部分的极限 $\lim\limits_{x\to 0^+}\sin x\ln\cot x$，即 $\lim\limits_{x\to 0^+}\dfrac{\ln\cot x}{\csc x}$；

因为指数部分的极限是未定式，所以用洛必达法则对指数部分求极限，分子求导为 $\dfrac{1}{\cot x}\cdot\left(-\dfrac{1}{\sin^2 x}\right)$，分母求导为 $-\cot x\csc x$，化简得到 $\lim\limits_{x\to 0^+}\dfrac{\sin x}{\cos^2 x}=0$，所以原式的极限为 $\mathrm{e}^0=1$.

习 题 3.3

1. 判断下列函数的单调性，并确定单调区间.

（1）$f(x)=2x-\sin x$.

（2）$f(x)=x-\mathrm{e}^x+3$.

解：（1）$\because f'(x)=2-\cos x>0$，

$\therefore f(x)$ 在 R 上单调递增，单调区间为 R.

（2）$\because f'(x)=1-\mathrm{e}^x$，

令 $f'(x)=0$ 得 $x=0$，

当 $x>0$ 时，$f'(x)<0$，

当 $x<0$ 时，$f'(x)>0$，

$\therefore f(x)$ 在 $(-\infty,0]$ 上单调递增，在 $[0,+\infty)$ 上单调递减，单调区间为 $(-\infty,0]$ 和 $[0,+\infty)$.

2. 求下列函数的极值.

(1) $f(x)=x-\dfrac{3}{2}x^{\frac{2}{3}}$.

(2) $f(x)=x^3 \mathrm{e}^{-x}$.

解： (1) 函数 $f(x)=x-\dfrac{3}{2}x^{\frac{2}{3}}$ 的定义域为 $(-\infty,+\infty)$，

$f'(x)=1-x^{-\frac{1}{3}}$，

令 $f'(x)=0$，即 $1-x^{-\frac{1}{3}}=0$ 得驻点：$x=1$.

导数不存在的点为：$x=0$.

列表如下：

x	$(-\infty,0)$	0	$(0,1)$	1	$(1,+\infty)$
$f'(x)$	+	不存在	−	0	+
$f(x)$	↗	有极大值	↘	有极小值	↗

从而，函数的极大值为 $f(0)=0-\dfrac{3}{2}\times 0=0$.

函数的极小值为 $f(1)=1-\dfrac{3}{2}\times 1=-\dfrac{1}{2}$.

(2) 函数 $f(x)=x^3 \mathrm{e}^{-x}$ 的定义域为 $(-\infty,+\infty)$，

$f'(x)=3x^2 \mathrm{e}^{-x}-\mathrm{e}^{-x}x^3=\mathrm{e}^{-x}x^2(3-x)$，

令 $f'(x)=0$，即 $\mathrm{e}^{-x}x^2(3-x)=0$ 得驻点：$x=0$，$x=3$.

列表如下：

x	$(-\infty,0)$	0	$(0,3)$	3	$(3,+\infty)$
$f'(x)$	+	0	+	0	−
$f(x)$	↗	无极值	↗	有极大值	↘

从而，函数的极大值为 $f(3)=3^3 \cdot \mathrm{e}^{-3}=\dfrac{27}{\mathrm{e}^3}$.

3. 试问 a 为何值时，$f(x)=a\sin x+\dfrac{1}{3}\sin 3x$ 在 $x=\dfrac{2}{3}\pi$ 时取得极值，求出该极值，并指出它是极大值，还是极小值.

解： 函数 $f(x)=a\sin x+\dfrac{1}{3}\sin 3x$ 的定义域为 $(-\infty,+\infty)$，在定义域内处处可导，且 $f'(x)=a\cos x+\cos 3x$.

在 $x=\dfrac{2}{3}\pi$ 时取得极值，则 $f'\left(\dfrac{2\pi}{3}\right)=0$，

即 $a\cos\dfrac{2\pi}{3}+\cos2\pi=0$，得 $a=2$.

$\because f''(x)=-a\sin x-3\sin3x=-2\sin x-3\sin3x$，

$\therefore f''\left(\dfrac{2}{3}\pi\right)=-2\sin\dfrac{2}{3}\pi-3\sin3\times\dfrac{2}{3}\pi=-\sqrt{3}<0$，

$\therefore f\left(\dfrac{2}{3}\pi\right)=2\sin\dfrac{2}{3}\pi+\dfrac{1}{3}\sin3\times\dfrac{2}{3}\pi=\sqrt{3}$ 为极大值.

4. 求函数 $y=x^4-2x^2+5$ 在闭区间 $[-2,2]$ 上的最大值与最小值.

解：$\because y'=4x^3-4x=4x(x^2-1)$，

令 $y'=0$，即 $4x(x^2-1)=0$ 得驻点：$x_1=0$，$x_2=-1$，$x_3=1$.

计算各驻点的函数值得 $x_1=0$ 时，$y_1=5$；$x_2=-1$ 时，$y_2=4$；$x_3=1$ 时，$y_3=4$.

经比较得出函数 $y=x^4-2x^2+5$ 在闭区间 $[-2,2]$ 上的最大值为 5，最小值为 4.

5. 如图 3.1 所示，用一块长 12dm、宽 8dm 的长方形铁皮，在四角各剪去一个相等的小正方形，制作一个无盖油箱，问在四周剪去多大的正方形才能使容积最大？

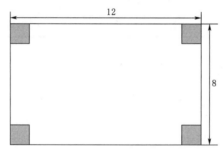

图 3.1

解：设在四周剪去的正方形的长度为 x m，无盖油箱的容积为 V.

则 $V=(12-2x)(8-2x)x=4x^3-40x^2+96x$，

　$V'=12x^2-80x+96$，

令 $V'=0$ 得驻点：$x_1=\dfrac{10-2\sqrt{7}}{3}$，

$x_2=\dfrac{10+2\sqrt{7}}{3}>4$（$2x$ 不能超过边长 8，故舍去），

所以，$x_1=\dfrac{10-2\sqrt{7}}{3}$ 是唯一的极大值点，从而为最大值点.

答：在四周剪去 $\dfrac{10-2\sqrt{7}}{3}$ m 的正方形才能使容积最大.

第 4 章
不定积分

4.1 知识梳理

4.1.1 知识图谱

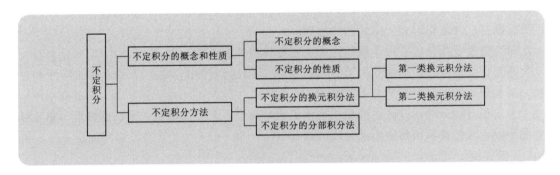

4.1.2 内容提要

本章由不定积分的概念和性质、不定积分方法两部分组成.

微分和积分是微积分中两个不可分割的重要概念. 不定积分是导数的"逆运算",但不定积分的计算难度要大许多,《不定积分》一章是《大学文科数学》教材中最难的章节,读者除了掌握不定积分的概念和性质外,对不定积分的方法也要重视归纳总结,不定积分表有助于找到求解不定积分的思路,部分不定积分公式可由导数公式直接推得,其他的不定积分公式由不定积分方法推得.

我们反对机械的"题海战术",但也深信"实践出真知",适度的解题训练是巩固知识、掌握解题方法、提高解题技能、拓展解题思路的有效手段. 所以读者还需要进行一定量的解题训练,以突破不定积分学习的难关,仅仅靠"看看、想想"是学不好数学的,还需要"做做".

1. 不定积分的概念和性质

$f(x)$ 在某区间上的全体原函数称为 $f(x)$ 在该区间上的不定积分,记作 $\int f(x)\mathrm{d}x$.

导数(或者说微分)和积分是互逆的运算,一个函数"先积分后导数"还是等于这个函数本身,"先导数后积分"等于这个函数再加上 C.

不定积分反映在几何上是一族曲线,它们是曲线 $y = F(x)$ 沿着 y 轴上下平移得到的.

不定积分对加减运算也封闭, 即: 在两个函数的原函数都存在的前提下, 这两个函数和差的积分等于这两个函数积分的和差. 但这两个函数积商的积分不仅不封闭, 而且没有公式可直接使用, 比导数、微分的性质都弱.

2. 不定积分方法

最简单的积分方法当然是直接积分法, 即可以直接根据基本公式和性质求出结果, 或者被积函数经过适当的恒等变形 (包括代数和三角的恒等变形), 再利用基本公式和性质求出结果的积分方法. 但能够用直接积分法求出的不定积分终究不多, 大多数不定积分还需要使用其他方法求解.

不定积分的换元积分法分为第一类换元积分法和第二类换元积分法.

第一类换元积分法的本质就是为了求 $\int g(x)\mathrm{d}x$, 把 $g(x)$ 凑成 $f[\varphi(x)]\varphi'(x)$, 进而把 $\int g(x)\mathrm{d}x$ 凑成 $\int f[\varphi(x)]\mathrm{d}\varphi(x)$, 与已知的积分相联系, 最后求得 $\int g(x)\mathrm{d}x$. "凑" 的思路和目标就是在形式上凑成已知的积分.

第二类换元积分法常用于根式代换、三角代换和倒代换.

不定积分的换元积分法是复合函数求导公式的逆向使用, 熟悉常用函数的特性和导数, 搞清楚函数的复合情形是很关键的.

不定积分的分部积分法主要用于被积函数是两个不同类型函数的乘积的情形, 熟悉函数的导数, 并把被积函数恰当地分成两部分 $u(x)$ 和 $v(x)$, 也就是说如何确定 $u(x)$ 和 $v(x)$ 是关键.

4.2　各周线上学习要求

4.2.1　第一周

(1) 学习视频: 《5.1 原函数与不定积分》《5.2 基本积分公式》《5.3 不定积分的性质和直接积分法》《5.4 第一类换元积分法 1》《5.5 第一类换元积分法 2》, 详见 "学银在线" 平台.

(2) 完成布置的线上作业.

(3) 教学目标: 了解原函数的概念; 理解不定积分的概念, 不定积分的性质; 掌握基本积分公式、直接积分法、凑微分法; 欣赏微分和积分的对立统一规律, 培养学生的逆向思维和开放创新思维能力.

4.2.2　第二周

(1) 学习视频: 《5.6 第二类换元积分法 1》《5.7 第二类换元积分法 2》《5.8 分部积分法 1》《5.9 分部积分法 2》, 详见 "学银在线" 平台.

(2) 完成布置的线上作业.

(3) 教学目标: 掌握第二类换元积分法、分部积分法; 教育学生运用联系的方法学习高等数学, 培养学生辩证思考、逆向思维和开放创新思维能力.

4.3 习题解答

1. 设一条曲线过点 $(1,2)$，在此曲线上任一点 (x,y) 处的切线斜率为 $2x$，求此曲线方程．

解：先求切线斜率为 $2x$ 的曲线族，设所求曲线族为 $y=f(x)$．

由题设可得 $f'(x)=2x$，故由不定积分的定义可得：

$$f(x)=\int 2x\,dx=x^2+C$$

即所求的曲线族为 $y=x^2+C$．

又 $\because$ 所求的曲线过点 $(1,2)$，

$\therefore 2=1+C$，即 $C=1$，

故所求的曲线为 $y=x^2+1$．

2. 第 2 章所学的基本导数公式有 16 个，为什么由此推导出相应的基本积分公式只有 13 个？

解：因为与求导公式 $(\log_a x)'=\dfrac{1}{x\ln a}$ 和 $(\ln x)'=\dfrac{1}{x}$ 对应的积分公式都是 $\int \dfrac{1}{x}dx=\ln|x|+C$，即 $\int \dfrac{1}{x\ln a}dx=\dfrac{1}{\ln a}\int \dfrac{1}{x}dx=\dfrac{1}{\ln a}\ln|x|+C=\log_a|x|+C$；与求导公式 $(\arcsin x)'=\dfrac{1}{\sqrt{1-x^2}}$ 和 $(\arccos x)'=-\dfrac{1}{\sqrt{1-x^2}}$ 对应的积分公式都是 $\int \dfrac{dx}{\sqrt{1-x^2}}=\arcsin x+C$，即 $\int \dfrac{dx}{\sqrt{1-x^2}}=\arcsin x+C=-\arccos x+C$；

与求导公式 $(\arctan x)'=\dfrac{1}{1+x^2}$ 和 $(\text{arccot} x)'=-\dfrac{1}{1+x^2}$ 对应的积分公式都是 $\int \dfrac{dx}{1+x^2}=\arctan x+C$，即 $\int \dfrac{dx}{1+x^2}=\arctan +C=-\text{arccot} x+C$．

所以由 16 个基本导数公式推导出相应的基本积分公式就少了 3 个，只有 13 个．

当然，与导数公式 $(C)'=0$ 对应的积分公式是更为一般的 $\int k\,dx=kx+C$．

3. 求下列不定积分．

(1) $\int 2x\sqrt{x^3}\,dx$．

(2) $\int 2^x e^x\,dx$．

(3) $\int \dfrac{1+x+x^2}{x+x^3}dx$．

(4) $\int \tan^2 x \, \mathrm{d}x$.

(5) $\int \cos^2 \dfrac{x}{2} \mathrm{d}x$.

(6) $\int \dfrac{1}{\sin^2 x \cos^2 x} \mathrm{d}x$.

(7) $\int \dfrac{1}{\sin^2 \dfrac{x}{2} \cos^2 \dfrac{x}{2}} \mathrm{d}x$.

解: (1) $\int 2x \sqrt{x^3} \, \mathrm{d}x = 2\int x^{\frac{5}{2}} \mathrm{d}x = 2 \times \dfrac{2}{7} \cdot x^{\frac{7}{2}} + C = \dfrac{4}{7} x^{\frac{7}{2}} + C$.

(2) $\int 2^x \mathrm{e}^x \, \mathrm{d}x = \int (2\mathrm{e})^x \, \mathrm{d}x = \dfrac{(2\mathrm{e})^x}{\ln 2\mathrm{e}} + C$.

(3) $\int \dfrac{1+x+x^2}{x+x^3} \mathrm{d}x = \int \dfrac{1+x+x^2}{x(1+x^2)} \mathrm{d}x = \int \left(\dfrac{1}{1+x^2} + \dfrac{1}{x} \right) \mathrm{d}x = \arctan x + \ln|x| + C$.

(4) $\int \tan^2 x \, \mathrm{d}x = \int (\sec^2 x - 1) \, \mathrm{d}x = \tan x - x + C$.

(5) $\int \cos^2 \dfrac{x}{2} \mathrm{d}x = \int \dfrac{1+\cos x}{2} \mathrm{d}x = \dfrac{1}{2} x + \dfrac{1}{2} \sin x + C$.

(6) $\int \dfrac{1}{\sin^2 x \cos^2 x} \mathrm{d}x = \int \dfrac{\sin^2 x + \cos^2 x}{\sin^2 x \cos^2 x} \mathrm{d}x = \int \left(\dfrac{1}{\cos^2 x} + \dfrac{1}{\sin^2 x} \right) \mathrm{d}x$

$\qquad = \int \dfrac{1}{\cos^2 x} \mathrm{d}x + \int \dfrac{1}{\sin^2 x} \mathrm{d}x = \tan x - \cot x + C$.

(7) $\int \dfrac{1}{\sin^2 \dfrac{x}{2} \cos^2 \dfrac{x}{2}} \mathrm{d}x = 4\int \dfrac{1}{\sin^2 x} \mathrm{d}x = -4\cot x + C$.

习 题 4.2

1. 求下列不定积分.

(1) $\int \dfrac{1}{2+3x} \mathrm{d}x$.

(2) $\int \cos(5x+1) \, \mathrm{d}x$.

(3) $\int \dfrac{5x^2}{1+x^3} \mathrm{d}x$.

(4) $\int \dfrac{\mathrm{e}^{\arcsin x}}{\sqrt{1-x^2}} \mathrm{d}x$.

(5) $\int \dfrac{3\mathrm{d}x}{4+x^2}$.

(6) $\int \dfrac{\mathrm{e}^3}{\sqrt{9-x^2}} \mathrm{d}x$.

(7) $\int \dfrac{\pi}{x^2-5}dx$.

(8) $\int \sin^2 x \cos^5 x \, dx$.

(9) $\int \sec^6 x \, dx$.

解：(1) $\int \dfrac{1}{2+3x}dx = \dfrac{1}{3}\int \dfrac{1}{2+3x}d(2+3x) = \dfrac{1}{3}\ln|2+3x|+C$.

(2) $\int \cos(5x+1)dx = \dfrac{1}{5}\int \cos(5x+1)d(5x+1) = \dfrac{1}{5}\sin(5x+1)+C$.

(3) $\int \dfrac{5x^2}{1+x^3}dx = \dfrac{5}{3}\int \dfrac{1}{1+x^3}d(1+x^3) = \dfrac{5}{3}\ln|1+x^3|+C$.

(4) $\int \dfrac{e^{\arcsin x}}{\sqrt{1-x^2}}dx = \int e^{\arcsin x}d(\arcsin x) = e^{\arcsin x}+C$.

(5) $\int \dfrac{3dx}{4+x^2} = 3\int \dfrac{dx}{2^2+x^2} = \dfrac{3}{2}\arctan \dfrac{x}{2}+C$.

(6) $\int \dfrac{e^3}{\sqrt{9-x^2}}dx = e^3\int \dfrac{1}{\sqrt{3^2-x^2}}dx = e^3\arcsin \dfrac{x}{3}+C$.

(7) $\int \dfrac{\pi}{x^2-5}dx = \pi\int \dfrac{1}{x^2-5}dx = \dfrac{\pi}{2\sqrt{5}}\ln\left|\dfrac{x-\sqrt{5}}{x+\sqrt{5}}\right|+C = \dfrac{\sqrt{5}\pi}{10}\ln\left|\dfrac{x-\sqrt{5}}{x+\sqrt{5}}\right|+C$.

(8) $\int \sin^2 x \cos^5 x \, dx = \int \sin^2 x(1-\sin^2 x)^2 d(\sin x)$

$\qquad = \int (\sin^6 x - 2\sin^4 x + \sin^2 x)d(\sin x)$

$\qquad = \dfrac{1}{7}\sin^7 x - \dfrac{2}{5}\sin^5 x + \dfrac{1}{3}\sin^3 x + C$.

(9) $\int \sec^6 x \, dx = \int \sec^2 x \cdot \sec^4 x \, dx = \int \sec^2 x(1+\tan^2 x)^2 dx$

$\qquad = \int (1+\tan^2 x)^2 d(\tan x) = \int (\tan^4 x + 2\tan^2 x + 1)d(\tan x)$

$\qquad = \dfrac{1}{5}\tan^5 x + \dfrac{2}{3}\tan^3 x + \tan x + C$.

2. 求下列不定积分 .

(1) $\int \dfrac{1}{1+\sqrt{5x}}dx$.

(2) $\int \dfrac{1}{(x^2+1)^2}dx$.

(3) $\int \dfrac{1}{x^4\sqrt{x^2+1}}dx$.

(4) $\int \dfrac{x^2}{\sqrt{4-x^2}}dx$.

解：（1）设 $t=\sqrt{5x}$，则 $x=\dfrac{1}{5}t^2$，$\mathrm{d}x=\dfrac{2}{5}t\,\mathrm{d}t$．

故 $\displaystyle\int\dfrac{1}{1+\sqrt{5x}}\mathrm{d}x=\int\dfrac{1}{1+t}\cdot\dfrac{2}{5}t\,\mathrm{d}t=\dfrac{2}{5}\int\dfrac{1+t-1}{1+t}\mathrm{d}t$

$$=\dfrac{2}{5}\int\mathrm{d}t-\dfrac{2}{5}\int\dfrac{1}{1+t}\mathrm{d}t=\dfrac{2}{5}\int\mathrm{d}t-\dfrac{2}{5}\int\dfrac{1}{1+t}\mathrm{d}(1+t)$$

$$=\dfrac{2}{5}t-\dfrac{2}{5}\ln|1+t|+C=\dfrac{2}{5}\sqrt{5x}-\dfrac{2}{5}\ln|1+\sqrt{5x}|+C．$$

（2）设 $x=\tan t\left(-\dfrac{\pi}{2}<t<\dfrac{\pi}{2}\right)$，则 $t=\arctan x$，$\mathrm{d}x=\sec^2 t\,\mathrm{d}t$．

$\displaystyle\int\dfrac{1}{(x^2+1)^2}\mathrm{d}x=\int\dfrac{1}{\sec^4 t}\cdot\sec^2 t\,\mathrm{d}t=\int\cos^2 t\,\mathrm{d}t$

$$=\dfrac{1}{2}\int(1+\cos 2t)\mathrm{d}t=\dfrac{1}{2}\left[\int\mathrm{d}t+\dfrac{1}{2}\int\cos 2t\,\mathrm{d}(2t)\right]$$

$$=\dfrac{1}{2}\left(t+\dfrac{1}{2}\sin 2t\right)+C．$$

$\because x=\tan t\left(-\dfrac{\pi}{2}<t<\dfrac{\pi}{2}\right)$，

$\therefore$ 做回代辅助三角形后可得 $\sin t=\dfrac{x}{\sqrt{1+x^2}}$，$\cos t=\dfrac{1}{\sqrt{1+x^2}}$，

$\therefore\sin 2t=2\sin t\cos t=2\dfrac{x}{\sqrt{1+x^2}}\cdot\dfrac{1}{\sqrt{1+x^2}}=\dfrac{2x}{1+x^2}$，

$\therefore\dfrac{1}{2}\left(t+\dfrac{1}{2}\sin 2t\right)+C=\dfrac{1}{2}\left(\arctan x+\dfrac{x}{x^2+1}\right)+C．$

即 $\displaystyle\int\dfrac{1}{(x^2+1)^2}\mathrm{d}x=\dfrac{1}{2}\left(\arctan x+\dfrac{x}{x^2+1}\right)+C．$

（3）设 $x=\dfrac{1}{t}$，则 $\mathrm{d}x=-\dfrac{1}{t^2}\mathrm{d}t$，

$\displaystyle\int\dfrac{1}{x^4\sqrt{x^2+1}}\mathrm{d}x=\int\dfrac{1}{\left(\dfrac{1}{t}\right)^4\sqrt{\left(\dfrac{1}{t}\right)^2+1}}\left(-\dfrac{1}{t^2}\right)\mathrm{d}t=-\int\dfrac{t^3}{\sqrt{1+t^2}}\mathrm{d}t$

$$=-\dfrac{1}{2}\int\dfrac{t^2}{\sqrt{1+t^2}}\mathrm{d}t^2．$$

令 $u=t^2$，

则 $-\dfrac{1}{2}\displaystyle\int\dfrac{t^2}{\sqrt{1+t^2}}\mathrm{d}t^2=-\dfrac{1}{2}\int\dfrac{u}{\sqrt{1+u}}\mathrm{d}u=\dfrac{1}{2}\int\dfrac{1-1-u}{\sqrt{1+u}}\mathrm{d}u$

$$=\dfrac{1}{2}\int\left(\dfrac{1}{\sqrt{1+u}}-\sqrt{1+u}\right)\mathrm{d}(1+u)=-\dfrac{1}{3}\left(\sqrt{1+u}\right)^3+\sqrt{1+u}+C$$

$$=-\dfrac{1}{3}\left(\dfrac{\sqrt{1+x^2}}{x}\right)^3+\dfrac{\sqrt{1+x^2}}{x}+C．$$

即 $\displaystyle\int \frac{1}{x^4 \sqrt{x^2+1}}\mathrm{d}x = -\frac{1}{3}\left(\frac{\sqrt{1+x^2}}{x}\right)^3 + \frac{\sqrt{1+x^2}}{x} + C.$

(4) 设 $x = 2\sin t\left(-\dfrac{\pi}{2} < t < \dfrac{\pi}{2}\right)$，则 $\mathrm{d}x = 2\cos t\,\mathrm{d}t$，$\sin t = \dfrac{x}{2}$.

故做回代辅助三角形后可得，$\cos t = \dfrac{\sqrt{4-x^2}}{2}$.

$$\int \frac{x^2}{\sqrt{4-x^2}}\mathrm{d}x = \int \frac{4\sin^2 t}{\sqrt{4-4\sin^2 t}} \cdot 2\cos t\,\mathrm{d}t = \int 4\sin^2 t\,\mathrm{d}t$$

$$= 4\int \frac{1-\cos 2t}{2}\mathrm{d}t = 2\left(\int 1\mathrm{d}t - \int \cos 2t\,\mathrm{d}t\right) = 2\int 1\mathrm{d}t - 2\int \cos 2t\,\mathrm{d}t$$

$$= 2t - \int \cos 2t\,\mathrm{d}(2t) = 2t - \sin 2t + C = 2t - 2\sin t\cos t + C$$

$$= 2\arcsin \frac{x}{2} - 2 \cdot \frac{x}{2} \cdot \frac{\sqrt{4-x^2}}{2} + C = 2\arcsin \frac{x}{2} - \frac{x\sqrt{4-x^2}}{2} + C.$$

3. 求下列不定积分.

(1) $\displaystyle\int \frac{\sqrt{1+x^2} + \sqrt{1-x^2}}{\sqrt{1-x^4}}\mathrm{d}x.$

(2) $\displaystyle\int \frac{\sqrt{x^2+1} + \sqrt{x^2-1}}{\sqrt{x^4-1}}\mathrm{d}x.$

解：掌握了由换元积分法推得的公式：$\displaystyle\int \frac{1}{\sqrt{x^2+a^2}}\mathrm{d}x = \ln\left|x + \sqrt{x^2+a^2}\right| + C (a > 0)$

和 $\displaystyle\int \frac{1}{\sqrt{x^2-a^2}}\mathrm{d}x = \ln\left|x + \sqrt{x^2-a^2}\right| + C (a > 0)$，这道题目用直接积分法就可以求出.

(1) $\displaystyle\int \frac{\sqrt{1+x^2} + \sqrt{1-x^2}}{\sqrt{1-x^4}}\mathrm{d}x = \int \left(\frac{\sqrt{1+x^2}}{\sqrt{1-x^4}} + \frac{\sqrt{1-x^2}}{\sqrt{1-x^4}}\right)\mathrm{d}x$

$$= \int \left(\frac{1}{\sqrt{1-x^2}} + \frac{1}{\sqrt{1+x^2}}\right)\mathrm{d}x$$

$$= \arcsin x + \ln(x + \sqrt{1+x^2}) + C.$$

(2) $\displaystyle\int \frac{\sqrt{x^2+1} + \sqrt{x^2-1}}{\sqrt{x^4-1}}\mathrm{d}x = \int \left(\frac{\sqrt{x^2+1}}{\sqrt{x^4-1}} + \frac{\sqrt{x^2-1}}{\sqrt{x^4-1}}\right)\mathrm{d}x$

$$= \int \left(\frac{1}{\sqrt{x^2-1}} + \frac{1}{\sqrt{x^2+1}}\right)\mathrm{d}x$$

$$= \ln\left|x + \sqrt{x^2-1}\right| + \ln\left|x + \sqrt{x^2+1}\right| + C$$

$$= \ln\left|\frac{x + \sqrt{x^2-1}}{x + \sqrt{x^2+1}}\right| + C.$$

习　题　4.3

1. 求下列不定积分.

(1) $\int x^3 \sin x \, \mathrm{d}x$.

(2) $\int 2^x x^2 \, \mathrm{d}x$.

(3) $\int x \arcsin x \, \mathrm{d}x$.

(4) $\int x \log_2 x \, \mathrm{d}x$.

(5) $\int e^x \sin x \, \mathrm{d}x$.

(6) $\int x^3 \cos x^2 \, \mathrm{d}x$.

(7) $\int \cos(\ln x) \, \mathrm{d}x$.

解：(1) $\int x^3 \sin x \, \mathrm{d}x = -\int x^3 \, \mathrm{d}\cos x = -x^3 \cos x + \int 3x^2 \cos x \, \mathrm{d}x$

$$= -x^3 \cos x + 3\int x^2 \cos x \, \mathrm{d}x = -x^3 \cos x + 3\int x^2 \, \mathrm{d}\sin x$$

$$= -x^3 \cos x + 3\left(x^2 \sin x - \int 2x \sin x \, \mathrm{d}x\right)$$

$$= -x^3 \cos x + 3x^2 \sin x - 6\int x \sin x \, \mathrm{d}x$$

$$= -x^3 \cos x + 3x^2 \sin x + 6\int x \, \mathrm{d}\cos x$$

$$= -x^3 \cos x + 3x^2 \sin x + 6\left(x \cos x - \int \cos x \, \mathrm{d}x\right)$$

$$= -x^3 \cos x + 3x^2 \sin x + 6x \cos x - 6\sin x + C.$$

(2) $\int 2^x x^2 \, \mathrm{d}x = \dfrac{1}{\ln 2}\int x^2 \, \mathrm{d}(2^x) = \dfrac{1}{\ln 2} \cdot 2^x \cdot x^2 - \dfrac{1}{\ln 2}\int 2^x \cdot 2x \, \mathrm{d}x$

$$= \dfrac{2^x}{\ln 2} \cdot x^2 - \dfrac{2 \cdot 2^x}{(\ln 2)^2} \cdot x + \dfrac{2}{(\ln 2)^2}\int 2^x \, \mathrm{d}x$$

$$= \dfrac{2^x}{\ln 2} \cdot x^2 - \dfrac{2^{x+1}}{(\ln 2)^2} \cdot x + \dfrac{2^{x+1}}{(\ln 2)^3} + C.$$

(3) 先用分部积分法：

$$\int x \arcsin x \, \mathrm{d}x = \frac{1}{2}\int \arcsin x \, \mathrm{d}x^2 = \frac{1}{2} x^2 \arcsin x - \frac{1}{2}\int x^2 \cdot \frac{1}{\sqrt{1-x^2}} \, \mathrm{d}x.$$

再用第二类换元积分法：

设 $x = \sin t$，$\mathrm{d}x = \cos t \, \mathrm{d}t$，$\cos t = \sqrt{1-x^2}$，$t = \arcsin x$.

$$\int x^2 \cdot \frac{1}{\sqrt{1-x^2}} \, \mathrm{d}x = \int \sin^2 t \cdot \frac{1}{\cos t} \cdot \cos t \, \mathrm{d}t = \int \sin^2 t \, \mathrm{d}t$$

$$= \int \frac{1-\cos 2t}{2} dt = \frac{1}{4} \int (1-\cos 2t) d(2t) = \frac{1}{2}t - \frac{1}{4}\sin 2t + C$$

$$= \frac{1}{2}t - \frac{1}{2}\sin t \cos t + C = \frac{1}{2}\arcsin x - \frac{1}{2}x\sqrt{1-x^2} + C.$$

$$\therefore \int x\arcsin x \, dx = \frac{1}{2}x^2\arcsin x - \frac{1}{2}\left(\frac{1}{2}\arcsin x - \frac{1}{2}x\sqrt{1-x^2} + C\right)$$

$$= \frac{1}{2}x^2\arcsin x - \frac{1}{4}\arcsin x + \frac{1}{4}x\sqrt{1-x^2} + C.$$

(4) $\int x\log_2 x \, dx = \int x \cdot \frac{\ln x}{\ln 2} dx = \frac{1}{\ln 2}\int x\ln x \, dx = \frac{1}{\ln 2}\int \frac{1}{2}\ln x \, dx^2$

$$= \frac{1}{\ln 2}\left(\frac{1}{2}x^2 \cdot \ln x - \int \frac{1}{2}x^2 \cdot \frac{1}{x} dx\right) = \frac{1}{\ln 2}\left(\frac{1}{2}x^2 \cdot \ln x - \int \frac{1}{2}x \, dx\right)$$

$$= \frac{1}{2\ln 2}x^2 \cdot \ln x - \frac{1}{4\ln 2}x^2 + C.$$

(5) $\because \int e^x\sin x \, dx = \int \sin x \, de^x = e^x\sin x - \int e^x\cos x \, dx$

$$= e^x\sin x - \int \cos x \, de^x = e^x\sin x - e^x\cos x + \int e^x(-\sin x) \, dx$$

$$= e^x\sin x - e^x\cos x - \int e^x\sin x \, dx.$$

$$\therefore \int e^x\sin x \, dx = \frac{e^x(\sin x - \cos x)}{2} + C.$$

(6) $\int x^3\cos x^2 \, dx = \int x^3 \cdot \frac{1}{2x} d\sin x^2 = \frac{1}{2}\int x^2 \, d\sin x^2$

$$= \frac{1}{2}x^2\sin x^2 - \frac{1}{2}\int 2x \cdot \sin x^2 \, dx = \frac{1}{2}x^2\sin x^2 - \int x\sin x^2 \, dx$$

$$= \frac{1}{2}x^2\sin x^2 - \frac{1}{2}\int \sin x^2 \, dx^2 = \frac{1}{2}x^2\sin x^2 + \frac{1}{2}\cos x^2 + C.$$

(7) $\because \int \cos(\ln x) \, dx = x\cos(\ln x) - \int x \, d[\cos(\ln x)]$

$$= x\cos(\ln x) + \int x\sin(\ln x) \cdot \frac{1}{x} dx = x\cos(\ln x) + \int \sin(\ln x) \, dx$$

$$= x\cos(\ln x) + x\sin(\ln x) - \int x \, d[\sin(\ln x)]$$

$$= x[\cos(\ln x) + \sin(\ln x)] - \int \cos(\ln x) \, dx.$$

$$\therefore \int \cos(\ln x) \, dx = \frac{x}{2}[\cos(\ln x) + \sin(\ln x)] + C.$$

2. 已知 $f(x)$ 的一个原函数是 e^{-x^2}，求 $\int xf'(x) \, dx$.

解：$\because \int xf'(x) \, dx = \int x \, df(x) = xf(x) - \int f(x) \, dx,$

由题意得 $\int f(x)\mathrm{d}x = \mathrm{e}^{-x^2} + C.$

两边同时对 x 求导，得：$f(x) = -2x\mathrm{e}^{-x^2},$

$\therefore \int xf'(x)\mathrm{d}x = xf(x) - \int f(x)\mathrm{d}x = -2x^2\mathrm{e}^{-x^2} - \mathrm{e}^{-x^2} + C.$

5.1 知识梳理

5.1.1 知识图谱

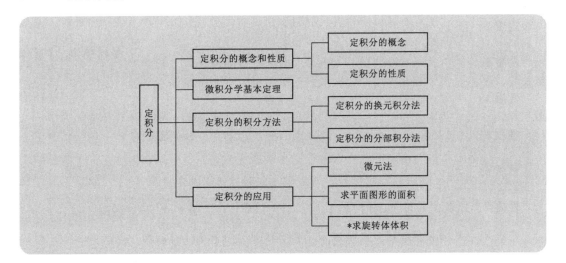

5.1.2 内容提要

本章由定积分的概念和性质、微积分学基本定理、定积分的积分方法和定积分的应用四部分组成.

定积分是积分学的又一个重要概念,定积分是用和式的极限来定义的,按定义求定积分通常是一件十分复杂的事情.从概念上看,定积分和不定积分的取名虽只有一字之差,但却是两个完全不同的概念,同时两者之间又有着紧密的内在联系,这个联系就是由微积分学基本定理(牛顿–莱布尼茨公式)建立起来的,微积分学基本定理(牛顿–莱布尼茨公式)将求定积分的问题转化为求不定积分的问题.与不定积分类似,定积分也有换元积分法和分部积分法 2 种.从极限→ 导数→微分→不定积分→定积分,循序渐进,前一内容是后一内容的基础,数学是一门序列性学科的特点在此得以很好地展示.

定积分在几何学、运动学、力学等方面都有很广泛的应用,求平面图形的面积仅仅是其众多应用中的一个缩影,但从其中可以充分体会到:和初等数学相比,高等数学在解决问题的广泛性、一般性方面具有明显优势,不仅仅是解决"理想状态下"的问题,更是解决纷繁复杂的现实问题的利器.

1. 定积分的概念和性质

定积分 $\int_a^b f(x)\mathrm{d}x = \lim\limits_{\lambda \to 0}\sum\limits_{i=1}^n f(\xi_i)\Delta x_i$ 中的 $f(x)$ 称为被积函数，$f(x)\mathrm{d}x$ 称为被积表达式，x 称为积分变量，$[a,b]$ 称为积分区间，a 和 b 分别称为积分的下限和上限，和式 $S = \sum\limits_{i=1}^n f(\xi_i)\Delta x_i$ 称为 $f(x)$ 的积分和.

定积分的几何意义：定积分是介于曲线 $y=f(x)$，直线 $x=a$、$x=b$ 和 $y=0$ 之间的各部分面积的代数和，在 $y=0$ 上方的取正号，在 $y=0$ 下方的取负号.

定积分与极限、导数、微分、积分相比，有自己的特殊性，定积分的基本性质相对丰富，汇总如下：

性质 1：当 $a=b$ 时，$\int_a^b f(x)\mathrm{d}x = 0$.

性质 2：当 $a>b$ 时，$\int_a^b f(x)\mathrm{d}x = -\int_b^a f(x)\mathrm{d}x$.

性质 3：$\int_a^b [f(x)\pm g(x)]\mathrm{d}x = \int_a^b f(x)\mathrm{d}x \pm \int_a^b g(x)\mathrm{d}x$.

性质 4：$\int_a^b kf(x)\mathrm{d}x = k\int_a^b f(x)\mathrm{d}x$（$k$ 为常数）.

性质 5：$\int_a^b f(x)\mathrm{d}x = \int_a^c f(x)\mathrm{d}x + \int_c^b f(x)\mathrm{d}x$（$a$，$b$，$c$ 为常数）.

性质 6：$\int_a^b 1\cdot\mathrm{d}x = \int_a^b \mathrm{d}x = b-a$.

性质 7：如果在区间 $[a,b]$ 上有 $f(x)\geqslant 0$，则 $\int_a^b f(x)\mathrm{d}x \geqslant 0(a<b)$.

性质 8：（积分估值定理）设函数 $m\leqslant f(x)\leqslant M$，$x\in[a,b]$，则
$$m(b-a)\leqslant \int_a^b f(x)\mathrm{d}x \leqslant M(b-a).$$

性质 9：（积分中值定理）设函数 $f(x)$ 在 $[a,b]$ 上连续，则在积分区间 $[a,b]$ 上至少存在一点 ξ，使得 $\int_a^b f(x)\mathrm{d}x = f(\xi)(b-a)(a\leqslant\xi\leqslant b)$.

函数 $f(x)$ 在闭区间 $[a,b]$ 上连续，则积分上限函数 $\Phi(x)=\int_a^x f(t)\mathrm{d}t$ 就是 $f(x)$ 在闭区间 $[a,b]$ 上的一个原函数.

2. 微积分学基本定理

如果函数 $F(x)$ 是连续函数 $f(x)$ 在闭区间 $[a,b]$ 上的一个原函数，则 $\int_a^b f(x)\mathrm{d}x = F(b)-F(a)$.

这就是微积分学基本定理，也称为牛顿-莱布尼茨公式，这个公式将定积分的计算问题转化为求原函数的问题，把定积分的计算和不定积分的计算联系在一起，大大简化了定积分的计算.

3. 定积分的积分方法

公式 $\int_a^b f(x)\mathrm{d}x = \int_\alpha^\beta f[\varphi(t)]\varphi'(t)\mathrm{d}t$ 叫作定积分的换元积分公式，它和不定积分的换元积分公式很相似，从左到右使用该公式时，相当于不定积分的第二类换元积分法，从右到左使用该公式时，相当于不定积分的第一类换元积分法.

使用此定理时还要注意以下几点：

(1) 定积分的换元法在换元后，积分上、下限也要作相应的变换，即"换元必换限".

(2) 定积分在换元之后，因为已经随之换限，所以只需按新的积分变量进行定积分运算，而不必像不定积分那样再还原为原变量.

(3) 新变元的积分限可能 $\alpha > \beta$，也可能 $\alpha < \beta$，但一定要求满足 $\varphi(\alpha) = a$，$\varphi(\beta) = b$，即 $t = \alpha$ 对应于 $x = a$，$t = \beta$ 对应于 $x = b$.

公式 $\int_a^b u(x)v'(x)\mathrm{d}x = u(x)v(x)\big|_a^b - \int_a^b u'(x)v(x)\mathrm{d}x$ 叫作定积分的分部积分公式，和定积分的换元积分公式"换元必换限"不同之处在于：定积分的分部积分公式中并未"换元"，而是"配元"，需要注意的是"配元不换限"，即定积分的分部积分公式中前后定积分的上、下限是没有发生变化的.

微元法是把所求量表示为定积分的一个重要方法，通过微元法可以得到例如面积、体积等的计算公式，这种通过局部微小量的分析来完成总体量计算的思想方法是一种很好的数学思维方法.

一般具有可加性连续分布的非均匀量的求和问题，都可以通过定积分的微元法加以解决.

用定积分求平面图形的面积：

(1) 设函数 $y = f(x)$，$y = g(x)$ 在区间 $[a,b]$ 上为连续函数，且 $f(x) \geqslant g(x)$. 选取 x 为积分变量，则所围阴影部分面积 S 有：

面积微元 $\qquad\qquad\qquad \mathrm{d}S = [f(x) - g(x)]\mathrm{d}x$

面积 $\qquad\qquad\qquad\qquad S = \int_a^b [f(x) - g(x)]\mathrm{d}x$

(2) 设函数 $x = \psi(y)$，$x = \phi(y)$ 在区间 $[c,d]$ 上为连续函数，且 $\psi(y) \geqslant \phi(y)$. 选取 y 为积分变量，则所围阴影部分面积 S 有：

面积微元 $\qquad\qquad\qquad \mathrm{d}S = [\psi(y) - \phi(y)]\mathrm{d}y$

面积 $\qquad\qquad\qquad\qquad S = \int_c^d [\psi(y) - \phi(y)]\mathrm{d}y$

积分变量选择恰当，是非常有助于计算方便的.

这里再补充用定积分求旋转体体积的方法，供学有余力的读者学习：

1. 平行截面面积为已知的立体的体积

设所给立体垂直于 x 轴的截面面积为 $A(x)$，$A(x)$ 在 $[a,b]$ 上连续，则对应于小区间 $[x, x+\mathrm{d}x]$ 的体积元素为

$$\mathrm{d}V = A(x)\mathrm{d}x$$

因此所求立体体积为

$$V = \int_a^b A(x)\,\mathrm{d}x$$

类似有

$$V = \int_c^d A(y)\,\mathrm{d}y$$

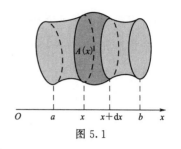

图 5.1

2. 旋转体的体积

当考虑连续曲线段 $y = f(x)\,(a \leqslant x \leqslant b)$ 绕 x 轴旋转一周围成的立体体积时，有

$$V = \pi \int_a^b f^2(x)\,\mathrm{d}x$$

当考虑连续曲线段

$$x = g(y)\,(c \leqslant y \leqslant d)$$

绕 y 轴旋转一周围成的立体体积时，有

$$V = \pi \int_c^d g^2(y)\,\mathrm{d}y$$

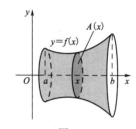

图 5.2

5.2 各周线上学习要求

5.2.1 第一周

（1）学习视频：《6.1 定积分概念的引入》《6.2 定积分的定义》《6.3 定积分的几何意义》《6.4 定积分的性质》《6.5 变上限的积分》《6.6 微积分学基本定理（牛顿–莱布尼兹公式）》，详见"学银在线"平台．

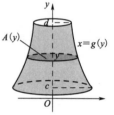

图 5.3

（2）完成布置的线上作业。

（3）教学目标：理解定积分的概念；掌握定积分的性质、微积分学基本定理；通过学习以直代曲的数学思想方法，理解量变引起质变的道理；理解"不积跬步无以至千里""不积小流无以成江河"，积少成多、聚沙成塔的道理。

5.2.2 第二周

（1）学习视频：《6.7 定积分的换元积分法》《6.8 定积分的分部积分法》，详见"学银在线"平台．

（2）完成布置的线上作业．

（3）教学目标：掌握定积分的积分方法；通过学习不定积分的换元积分法、分部积分法和定积分的换元积分法、分部积分法，分析它们之间的联系与区别，进一步理解事物是普遍联系的观点．

5.2.3 第三周

（1）学习视频：《7.1 定积分的微元法》《7.2 用定积分求平面图形的面积》，详见"学银在线"平台．

（2）完成布置的线上作业．

（3）教学目标：理解定积分的微元法，会用定积分求平面图形的面积；训练学生运用定积分思想解决实际问题的能力，实现认识和实践的一个循环.

5.3 习题解答

习 题 5.1

1. 比较积分值 $\int_0^1 x^2 \mathrm{d}x$ 和 $\int_0^1 x^3 \mathrm{d}x$ 的大小.

解：令 $f(x) = x^2 - x^3$，$x \in [0,1]$，

$\because f(x) \geqslant 0$，

$\therefore \int_0^1 (x^2 - x^3) \mathrm{d}x \geqslant 0$.

$\therefore \int_0^1 x^2 \mathrm{d}x \geqslant \int_0^1 x^3 \mathrm{d}x$.

2. 估计积分 $\int_2^5 (x^2 + 4) \mathrm{d}x$ 的值.

解：令 $f(x) = x^2 + 4$，$x \in [2,5]$，

$\because \forall x \in [2,5]$，$8 \leqslant x^2 + 4 \leqslant 29$，

$\therefore$ 根据积分估值定理可得：$\int_2^5 8 \mathrm{d}x \leqslant \int_2^5 (x^2 + 4) \mathrm{d}x \leqslant \int_2^5 29 \mathrm{d}x$.

$\therefore 24 \leqslant \int_2^5 (x^2 + 4) \mathrm{d}x \leqslant 87$.

习 题 5.2

1. 求 $\Phi(x) = \int_0^x \sin^2 t \, \mathrm{d}t$ 的导数.

解：$\because y = \sin^2 x$ 在 $[0,b]$（b 为任意大于 0 的数）上连续，

$\therefore$ 根据定理 5.2.1 可得：$\Phi'(x) = \sin^2 x$.

2. 求下列定积分.

(1) $\int_1^3 \left(x + \dfrac{1}{x}\right) \mathrm{d}x$.

(2) $\int_0^{\frac{\pi}{2}} (2\cos x + \sin x - 1) \mathrm{d}x$.

(3) $\int_{-2}^{-1} \dfrac{1}{x} \mathrm{d}x$.

(4) $\int_{-1}^3 |2 - x| \, \mathrm{d}x$.

解：(1) $\int_1^3 \left(x + \dfrac{1}{x}\right) \mathrm{d}x = \dfrac{1}{2} x^2 \Big|_1^3 + \ln|x| \Big|_1^3 = \dfrac{9}{2} - \dfrac{1}{2} + \ln 3 - \ln 1 = 4 + \ln 3$.

（2）$\displaystyle\int_0^{\frac{\pi}{2}} (2\cos x + \sin x - 1)\,\mathrm{d}x = (2\sin x - \cos x - x) \Big|_0^{\frac{\pi}{2}} = 2 - 0 - 0 + 1 - \frac{\pi}{2} + 0 = 3 - \frac{\pi}{2}.$

（3）$\displaystyle\int_{-2}^{-1} \frac{1}{x}\,\mathrm{d}x = \ln|x| \,\Big|_{-2}^{-1} = -\ln 2.$

（4）$\displaystyle\int_{-1}^{3} |2 - x| = \int_{-1}^{2} (2 - x)\,\mathrm{d}x + \int_{2}^{3} (x - 2)\,\mathrm{d}x = \left(2x - \frac{1}{2}x^2\right) \Big|_{-1}^{2} + \left(\frac{1}{2}x^2 - 2x\right) \Big|_{2}^{3}$

$\qquad = 4 + 2 - 2 + \frac{1}{2} + \frac{9}{2} - 2 - 6 + 4 = 5.$

习 题 5.3

1. 求下列定积分.

（1）$\displaystyle\int_1^2 \frac{1}{(3x-1)^2}\,\mathrm{d}x.$

（2）$\displaystyle\int_{\frac{1}{\pi}}^{\frac{2}{\pi}} \frac{1}{x^2}\sin\frac{1}{x}\,\mathrm{d}x.$

（3）$\displaystyle\int_0^4 \frac{x+2}{\sqrt{2x+1}}\,\mathrm{d}x.$

（4）$\displaystyle\int_0^{\frac{\pi}{2}} \cos^5 x \sin x\,\mathrm{d}x.$

（5）$\displaystyle\int_0^{2\pi} \sin^7 x\,\mathrm{d}x.$

解：（1）$\displaystyle\int_1^2 \frac{1}{(3x-1)^2}\,\mathrm{d}x = \frac{1}{3}\int_2^5 \frac{1}{(3x-1)^2}\,\mathrm{d}(3x-1) = -\frac{1}{3}\times\frac{1}{3x-1}\,\Big|_2^5$

$\qquad\qquad = -\frac{1}{42} + \frac{1}{15} = \frac{3}{70}.$

（2）令 $t = \dfrac{1}{x}$，则 $x = \dfrac{1}{t}$，$\mathrm{d}x = -\dfrac{1}{t^2}\,\mathrm{d}t.$

故 $\displaystyle\int_{\frac{1}{\pi}}^{\frac{2}{\pi}} \frac{1}{x^2}\sin\frac{1}{x}\,\mathrm{d}x = \int_{\pi}^{\frac{\pi}{2}} t^2\sin t \cdot \left(-\frac{1}{t^2}\right)\mathrm{d}t = \cos t\,\Big|_{\pi}^{\frac{\pi}{2}} = 0 - (-1) = 1.$

（3）令 $t = \sqrt{2x+1}$，则 $x = \dfrac{t^2-1}{2}$，$\mathrm{d}x = t\,\mathrm{d}t.$

故 $\displaystyle\int_0^4 \frac{x+2}{\sqrt{2x+1}}\,\mathrm{d}x = \int_1^3 \frac{\frac{t^2+3}{2}}{t}\cdot t\,\mathrm{d}t = \int_1^3 \frac{t^2+3}{2}\,\mathrm{d}t = \left(\frac{1}{6}t^3 + \frac{3}{2}t\right)\Big|_1^3 = \frac{22}{3}.$

（4）令 $t = \cos x$，则 $\mathrm{d}t = -\sin x\,\mathrm{d}x.$

故 $\displaystyle\int_0^{\frac{\pi}{2}} \cos^5 x \sin x\,\mathrm{d}x = \int_1^0 (-t^5)\,\mathrm{d}t = \int_0^1 t^5\,\mathrm{d}t = \frac{1}{6}t^6\,\Big|_0^1 = \frac{1}{6}.$

(5) $\because \int_0^{2\pi} \sin^7 x \, dx = -\int_0^{2\pi} \sin^6 x \, d(\cos x) = -\int_0^{2\pi} (1 - \cos^2 x)^3 d(\cos x)$

$$= -\int_0^{\pi} (1 - \cos^2 x)^3 d(\cos x) - \int_{\pi}^{2\pi} (1 - \cos^2 x)^3 d(\cos x).$$

令 $t = \cos x$,

则 $-\int_0^{\pi} (1 - \cos^2 x)^3 d(\cos x) - \int_{\pi}^{2\pi} (1 - \cos^2 x)^3 d(\cos x)$

$$= -\int_1^{-1} (1 - t^2)^3 dt - \int_{-1}^{1} (1 - t^2)^3 dt = \int_{-1}^{1} (1 - t^2)^3 dt - \int_{-1}^{1} (1 - t^2)^3 dt = 0.$$

2. 设 $f(x)$ 在 $[-a, a]$ 上连续, 证明 $\int_{-a}^{a} f(x) dx = \int_0^a [f(x) + f(-x)] dx.$

证明: $\because \int_{-a}^{a} f(x) dx = \int_{-a}^{0} f(x) dx + \int_0^a f(x) dx,$

令 $x = -t$,

则 $\int_{-a}^{0} f(x) dx = \int_a^0 f(-t) d(-t) = -\int_a^0 f(-t) dt$

$$= \int_0^a f(-t) dt = \int_0^a f(-x) dx.$$

$\therefore \int_{-a}^{a} f(x) dx = \int_{-a}^{0} f(x) dx + \int_0^a f(x) dx$

$$= \int_0^a f(-x) dx + \int_0^a f(x) dx = \int_0^a [f(x) + f(-x)] dx.$$

3. 求下列定积分.

(1) $\int_0^1 t^2 e^t \, dt.$

(2) $\int_0^1 \ln(x + 1) dx.$

(3) $\int_0^{\frac{1}{2}} \arcsin x \, dx.$

(4) $\int_0^1 x e^{-x} \, dx.$

(5) $\int_0^1 x \arctan x \, dx.$

(6) $\int_0^{\frac{\pi}{2}} e^x \sin x \, dx.$

(7) $\int_{\frac{1}{e}}^{e} |\ln x| \, dx.$

(8) $\int_{-1}^{1} \left(\dfrac{x^{2023}}{x^{2022} + x^{2020} + 1} + x^{2021} \sqrt{1 - x^2} + \sqrt{1 - x^2} \right) dx.$

解: (1) $\int_0^1 t^2 e^t \, dt = \int_0^1 t^2 \, de^t = t^2 e^t \Big|_0^1 - \int_0^1 2t \cdot e^t \, dt$

$$= e - 2\int_0^1 t \, de^t = e - 2t \cdot e^t \Big|_0^1 + 2\int_0^1 e^t \, dt = e - 2e + 2e^t \Big|_0^1$$

$$= -e + 2e - 2 = e - 2.$$

(2) $\displaystyle\int_0^1 \ln(x+1)\,\mathrm{d}x = x\ln(x+1)\,\Big|_0^1 - \int_0^1 \frac{x}{x+1}\mathrm{d}x$

$\displaystyle = \ln 2 - \int_0^1 \left(1 - \frac{1}{x+1}\right)\mathrm{d}x = \ln 2 - (x - \ln|x+1|)\,\Big|_0^1$

$= \ln 2 - 1 + \ln 2 = 2\ln 2 - 1.$

(3) $\displaystyle\int_0^{\frac{1}{2}} \arcsin x\,\mathrm{d}x = x\arcsin x\,\Big|_0^{\frac{1}{2}} - \int_0^{\frac{1}{2}} \frac{x}{\sqrt{1-x^2}}\mathrm{d}x$

$\displaystyle = \frac{1}{2} \times \frac{\pi}{6} + \frac{1}{2}\int_0^{\frac{1}{2}} \frac{1}{\sqrt{1-x^2}}\mathrm{d}(1-x^2) = \frac{\pi}{12} + \sqrt{1-x^2}\,\Big|_0^{\frac{1}{2}}$

$\displaystyle = \frac{\pi}{12} + \frac{\sqrt{3}}{2} - 1.$

(4) $\displaystyle\int_0^1 x\mathrm{e}^{-x}\,\mathrm{d}x = -\int_0^1 x\mathrm{d}(\mathrm{e}^{-x}) = -x\mathrm{e}^{-x}\,\Big|_0^1 + \int_0^1 \mathrm{e}^{-x}\,\mathrm{d}x$

$\displaystyle = -\mathrm{e}^{-1} - \int_0^1 \mathrm{e}^{-x}\mathrm{d}(-x) = -\mathrm{e}^{-1} - \mathrm{e}^{-x}\,\Big|_0^1 = -\mathrm{e}^{-1} - \mathrm{e}^{-1} + 1 = 1 - 2\mathrm{e}^{-1}.$

(5) $\displaystyle\int_0^1 x\arctan x\,\mathrm{d}x = \frac{1}{2}\int_0^1 \arctan x\,\mathrm{d}x^2 = \frac{x^2}{2}\arctan x\,\Big|_0^1 - \frac{1}{2}\int_0^1 x^2 \cdot \frac{1}{1+x^2}\mathrm{d}x$

$\displaystyle = \frac{1}{2} \times \frac{\pi}{4} - \frac{1}{2}\int_0^1 \left(1 - \frac{1}{1+x^2}\right)\mathrm{d}x = \frac{\pi}{8} - \frac{1}{2}(x - \arctan x)\,\Big|_0^1$

$\displaystyle = \frac{\pi}{8} - \frac{1}{2} + \frac{\pi}{8} = \frac{\pi}{4} - \frac{1}{2}.$

(6) $\displaystyle\because \int_0^{\frac{\pi}{2}} \mathrm{e}^x \sin x\,\mathrm{d}x = \int_0^{\frac{\pi}{2}} \sin x\,\mathrm{d}\mathrm{e}^x = \mathrm{e}^x \sin x\,\Big|_0^{\frac{\pi}{2}} - \int_0^{\frac{\pi}{2}} \mathrm{e}^x \cos x\,\mathrm{d}x$

$\displaystyle = \mathrm{e}^{\frac{\pi}{2}} - \int_0^{\frac{\pi}{2}} \cos x\,\mathrm{d}\mathrm{e}^x = \mathrm{e}^{\frac{\pi}{2}} - \mathrm{e}^x \cos x\,\Big|_0^{\frac{\pi}{2}} - \int_0^{\frac{\pi}{2}} \mathrm{e}^x \sin x\,\mathrm{d}x$

$\displaystyle = \mathrm{e}^{\frac{\pi}{2}} + 1 - \int_0^{\frac{\pi}{2}} \mathrm{e}^x \sin x\,\mathrm{d}x.$

$\displaystyle\therefore \int_0^{\frac{\pi}{2}} \mathrm{e}^x \sin x\,\mathrm{d}x = \frac{\mathrm{e}^{\frac{\pi}{2}} + 1}{2}.$

(7) $\displaystyle\int_{\frac{1}{e}}^{e} |\ln x|\,\mathrm{d}x = \int_{\frac{1}{e}}^{1} (-\ln x)\,\mathrm{d}x + \int_1^e \ln x\,\mathrm{d}x$

$\displaystyle = -x\ln x\,\Big|_{\frac{1}{e}}^{1} + \int_{\frac{1}{e}}^{1} x \cdot \frac{1}{x}\mathrm{d}x + x\ln x\,\Big|_1^e - \int_1^e x \cdot \frac{1}{x}\mathrm{d}x$

$\displaystyle = -\frac{1}{e} + 1 - \frac{1}{e} + e - e + 1 = 2 - \frac{2}{e}.$

(8) 令 $f(x)=\dfrac{x^{2023}}{x^{2022}+x^{2020}+1}$，$g(x)=x^{2021}\sqrt{1-x^2}$，$m(x)=\sqrt{1-x^2}$，

显然在 $[-1,1]$ 上，$f(x)$、$g(x)$ 都是奇函数，$m(x)=\sqrt{1-x^2}$ 是偶函数，

根据定理 5.3.2 可得：

$$\int_{-1}^{1}\left(\frac{x^{2023}}{x^{2022}+x^{2020}+1}\right)\mathrm{d}x=0,\quad \int_{-1}^{1}x^{2021}\sqrt{1-x^2}\,\mathrm{d}x=0,$$

$$\int_{-1}^{1}\sqrt{1-x^2}\,\mathrm{d}x=2\int_{0}^{1}\sqrt{1-x^2}\,\mathrm{d}x,$$

故 $\displaystyle\int_{-1}^{1}\left(\frac{x^{2023}}{x^{2022}+x^{2020}+1}+x^{2021}\sqrt{1-x^2}+\sqrt{1-x^2}\right)\mathrm{d}x=0+0+2\int_{0}^{1}\left(\sqrt{1-x^2}\right)\mathrm{d}x$

$$=2\int_{0}^{1}\left(\sqrt{1-x^2}\right)\mathrm{d}x.$$

令 $x=\sin t$，$\mathrm{d}x=\cos t\,\mathrm{d}t$，

x 与 t 的对应关系见下表：

x	0	1
t	0	$\dfrac{\pi}{2}$

则 $\displaystyle\int_{0}^{1}\left(\sqrt{1-x^2}\right)\mathrm{d}x=\int_{0}^{\frac{\pi}{2}}\left(\sqrt{1-\sin^2 t}\right)\cos t\,\mathrm{d}t=\int_{0}^{\frac{\pi}{2}}\cos^2 t\,\mathrm{d}t$

$$=\frac{1}{2}\int_{0}^{\frac{\pi}{2}}(1+\cos 2t)\,\mathrm{d}t=\frac{\pi}{4}+\frac{1}{4}\int_{0}^{\frac{\pi}{2}}(\cos 2t)\,\mathrm{d}2t$$

$$=\frac{\pi}{4}+\frac{1}{4}\sin 2t\,\Big|_{0}^{\frac{\pi}{2}}=\frac{\pi}{4}.$$

所以，$\displaystyle\int_{-1}^{1}\left(\frac{x^{2023}}{x^{2022}+x^{2020}+1}+x^{2021}\sqrt{1-x^2}+\sqrt{1-x^2}\right)\mathrm{d}x=2\int_{0}^{1}\left(\sqrt{1-x^2}\right)\mathrm{d}x$

$$=2\times\frac{\pi}{4}=\frac{\pi}{2}.$$

习 题 5.4

1. 计算由两条抛物线 $y=x^2$、$y^2=x$ 所围成的平面图形的面积．

解：由 $y=x^2$、$y^2=x$ 所围成的平面图形如图 5.4 所示，设其面积为 S．

确定 x 为积分变量，解方程组 $\begin{cases}y=x^2 \\ y^2=x\end{cases}$，

得 $\begin{cases}x_1=0 \\ y_1=0\end{cases}\begin{cases}x_2=1 \\ y_2=1\end{cases}$．

也就是说两条抛物线的交点为 $(0,0)$ 和 $(1,1)$，积分区间为 $[0,1]$．

则 $\mathrm{d}S=\left(\sqrt{x}-x^2\right)\mathrm{d}x$．

故 $\displaystyle S=\int_{0}^{1}\mathrm{d}S=\int_{0}^{1}\left(\sqrt{x}-x^2\right)\mathrm{d}x=\left(\frac{2}{3}x^{\frac{3}{2}}-\frac{1}{3}x^3\right)\Big|_{0}^{1}=\frac{1}{3}$．

2. 计算由抛物线 $y^2=2x$ 及圆 $x^2+y^2=8$ 所围成的平面图形面积.

解：由抛物线 $y^2=2x$ 及圆 $x^2+y^2=8$ 所围成的平面图形如图 5.5 所示，由大小两部分组成，令小的部分面积为 S_1，大的部分面积为 S_2.

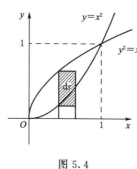
图 5.4

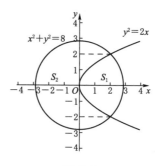
图 5.5

确定 y 为积分变量，解方程组 $\begin{cases} y^2=2x \\ x^2+y^2=8 \end{cases}$，

得 $\begin{cases} x_1=2 \\ y_1=2 \end{cases} \begin{cases} x_2=2 \\ y_2=2 \end{cases}$.

也就是说两曲线的交点为 $(2,2)$ 和 $(2,-2)$.

S_1 部分的积分区间为 $[0,2]$，S_2 只需用圆面积减去 S_1 即可.

则 $S_1=2\int_0^2\left(\sqrt{8-y^2}-\dfrac{1}{2}y^2\right)\mathrm{d}y=2\left(4\arcsin\dfrac{y}{2\sqrt{2}}+\dfrac{1}{2}y\sqrt{8-y^2}-\dfrac{1}{6}y^3\right)\Big|_0^2$

$\qquad =2\pi+\dfrac{4}{3}.$

$\because$ 圆 $x^2+y^2=8$ 的半径为 $2\sqrt{2}$，

$\therefore$ 圆面积为 8π.

$\therefore S_2=8\pi-A_1=8\pi-\left(2\pi+\dfrac{4}{3}\right)=6\pi-\dfrac{4}{3}.$

3. 计算由直线 $y=x$、$y=2$ 及曲线 $y=\dfrac{1}{x}$ 所围成的平面图形的面积.

解：由直线 $y=x$、$y=2$ 及曲线 $y=\dfrac{1}{x}$ 所围成的平面图形如图 5.6 所示，设其面积为 A.

确定 y 为积分变量，解方程组 $\begin{cases} y=x \\ y=\dfrac{1}{x} \end{cases}$ 得交点为 $(1,1)$，

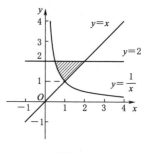
图 5.6

积分区间为 $[1,2]$，

则 $A=\int_1^2\mathrm{d}A=\int_1^2\left(y-\dfrac{1}{y}\right)\mathrm{d}y=\left(\dfrac{1}{2}y^2-\ln y\right)\Big|_1^2=\dfrac{3}{2}-\ln 2.$

第 6 章

自测题及解答

《大学文科数学》自测题（1）

题号	一	二	三	四	五	六	七	八	总分
得分									

一、填空题（每小题 2 分，共 10 分）

1. 函数 $y = \sqrt{5-x} + \ln(x-1)$ 的定义域是 _____ .

2. $\lim\limits_{x \to 0} \dfrac{\tan 3x}{2x} =$ _____ .

3. 函数 $f(x) = \dfrac{x^2-1}{x^2-3x+2}$ 的可去间断点是 $x =$ _____ .

4. 已知 $y = t - \arctan t$，则 $y' =$ _____ .

5. $\displaystyle\int_{-1}^{2} |1-x| \, \mathrm{d}x =$ _____ .

二、选择题（每小题 2 分，共 10 分）

1. 下列各对函数中，表示同一个函数的是（　　）.

A. $f(x) = \dfrac{x^2-1}{x+1}$ 与 $g(x) = x-1$
　　　　B. $f(x) = \lg x^2$ 与 $g(x) = 2\lg x$

C. $f(x) = \sqrt{1 - \cos^2 x}$ 与 $g(x) = \sin x$
　　　　D. $f(x) = |x|$ 与 $g(x) = \sqrt{x^2}$

2. 下列极限正确的是（　　）.

A. $\lim\limits_{x \to \infty} x \sin \dfrac{1}{x} = 1$
　　　　B. $\lim\limits_{x \to 0} x \sin \dfrac{1}{x} = 1$

C. $\lim\limits_{x \to \infty} \dfrac{\sin x}{x} = 1$
　　　　D. $\lim\limits_{x \to 0} \dfrac{\sin 2x}{x} = 1$

3. 函数 $y = |x| + 1$ 在 $x = 0$ 处（　　）.

A. 无定义
　　　　B. 不连续

C. 可导
　　　　D. 连续但不可导

4. 设 $y = \log_a x$（$a > 0$，$a \neq 1$），则 $\mathrm{d}y = ($　　$)$.

A. $\dfrac{1}{x} \mathrm{d}x$
　　　　B. $\dfrac{1}{x}$

C. $\dfrac{1}{x\ln a}\mathrm{d}x$ D. $\dfrac{1}{x\ln a}$

5. 函数 $y=5\mathrm{e}^{5x}$ 的一个原函数为 (   ).

A. e^{5x} B. $5\mathrm{e}^{5x}$

C. $\dfrac{1}{5}\mathrm{e}^{5x}$ D. $-\mathrm{e}^{5x}$

三、求极限 (每小题 5 分, 共 20 分)

1. $\displaystyle\lim_{x\to\infty}\dfrac{x+\sin x}{x-\cos x}$.

2. $\displaystyle\lim_{x\to0}\left[x\cos\dfrac{1}{x}-\dfrac{\ln(1-x)}{x}\right]$.

3. $\displaystyle\lim_{x\to\infty}\dfrac{3x^4+5x+1}{2x^4-1}$.

4. $\displaystyle\lim_{x\to0}(1+3x)^{\frac{-2}{x}}$.

四、求导数、微分（每小题 5 分，共 20 分）

1. $y = \sin\sqrt{x^2+2}$，求 y'.

2. $y = (x^2 + \cos x)^5$，求 $y'\Big|_{x=\frac{\pi}{2}}$.

3. $y = x^5 + \ln\arccos x$，求 y'.

4. $y = \ln\arcsin x^2$，求 $\mathrm{d}y$.

五、求积分（每小题 5 分，共 20 分）

1. $\int x\sqrt{1-x^2}\,\mathrm{d}x.$

2. $\int x\sin x\,\mathrm{d}x.$

3. $\int_0^{\frac{\pi}{2}}\sin x\cos^3 x\,\mathrm{d}x.$

4. $\int_0^{\frac{\pi}{4}}\tan^2 x\,\mathrm{d}x.$

六、求曲线 $y = \dfrac{1}{x}$ 在点（1,1）处的切线方程和法线方程．（10 分）

七、计算由曲线 $y = x^3$ 及直线 $y = x$ 所围成的平面图形的面积．（10 分）

*八、（附加题）求由曲线 $y = x - x^2$ 和直线 $y = 0$ 围成的平面图形的面积绕 x 轴旋转而成的旋转体的体积．（10 分）

（每小题 2 分，共 10 分）

《大学文科数学》自测题（1）参考答案

一、填空题（每小题 2 分，共 10 分）

1. $(1,5]$ 2. $\dfrac{3}{2}$ 3. 1 4. $1-\dfrac{1}{1+t^2}$ 5. $\dfrac{5}{2}$

二、选择题（每小题 2 分，共 10 分）

1. D 2. A 3. D 4. C 5. A

三、求极限（每小题 5 分，共 20 分）

解：1. $\displaystyle\lim_{x\to\infty}\frac{x+\sin x}{x-\cos x}=\lim_{x\to\infty}\frac{1+\dfrac{\sin x}{x}}{1-\dfrac{\cos x}{x}}=1.$

2. $\displaystyle\lim_{x\to0}x\cos\frac{1}{x}-\lim_{x\to0}\frac{\ln(1-x)}{x}=0-\lim_{x\to0}\frac{-1}{1-x}=1.$

3. $\displaystyle\lim_{x\to\infty}\frac{3x^4+5x+1}{2x^4-1}=\lim_{x\to\infty}\frac{3+\dfrac{5}{x^3}+\dfrac{1}{x^4}}{2-\dfrac{1}{x}}=\frac{3}{2}.$

4. $\displaystyle\lim_{x\to0}(1+3x)^{\frac{-2}{x}}=\lim_{x\to0}(1+3x)^{\frac{1}{3x}\times3\times(-2)}=\lim_{3x\to0}(1+3x)^{\frac{1}{3x}\times(-6)}$

$\qquad\qquad=\left[\lim_{3x\to0}(1+3x)^{\frac{1}{3x}}\right]^{-6}=\mathrm{e}^{-6}.$

四、求导数、微分（每小题 5 分，共 20 分）

1. $\because y=\sin\sqrt{x^2+2}$,

$\therefore y'=\cos\sqrt{x^2+2}\cdot\dfrac{1}{2}(x^2+2)^{-\frac{1}{2}}\cdot2x=\dfrac{x\cos\sqrt{x^2+2}}{\sqrt{x^2+2}}.$

2. $\because y=(x^2+\cos x)^5$,

$\therefore y'=5(x^2+\cos x)^4(2x-\sin x).$

$\therefore y'\big|_{x=\frac{\pi}{2}}=5\left(\dfrac{\pi^2}{4}+\cos\dfrac{\pi}{2}\right)^4\left(2\times\dfrac{\pi}{2}-\sin\dfrac{\pi}{2}\right)=\dfrac{5\pi^8(\pi-1)}{2^8}.$

3. $\because y=x^5+\ln\arccos x$,

$\therefore y'=5x^4+\dfrac{-\dfrac{1}{\sqrt{1-x^2}}}{\arccos x}=5x^4-\dfrac{1}{\sqrt{1-x^2}\,\arccos x}.$

4. $\because y=\ln\arcsin x^2$,

$\therefore \mathrm{d}y=\mathrm{d}(\ln\arcsin x^2)=\dfrac{\mathrm{d}(\arcsin x^2)}{\arcsin x^2}=\dfrac{\mathrm{d}(x^2)}{\arcsin x^2\sqrt{1-x^4}}=\dfrac{2x\,\mathrm{d}x}{\arcsin x^2\sqrt{1-x^4}}.$

五、求积分（每小题 5 分，共 20 分）

解： 1. $\displaystyle\int x\sqrt{1-x^2}\,\mathrm{d}x$

$$=-\frac{1}{2}\int\sqrt{1-x^2}\,\mathrm{d}(1-x^2)$$

$$=-\frac{1}{3}(1-x^2)^{\frac{3}{2}}+C.$$

2. $\displaystyle\int x\sin x\,\mathrm{d}x$

$$=-\int x\,\mathrm{d}\cos x=-x\cos x+\int\cos x\,\mathrm{d}x$$

$$=\sin x-x\cos x+C.$$

3. $\displaystyle\int_0^{\frac{\pi}{2}}\sin x\cos^3 x\,\mathrm{d}x$

$$=-\int_0^{\frac{\pi}{2}}\cos^3 x\,\mathrm{d}\cos x$$

$$=-\frac{1}{4}\cos^4 x\,\Big|_0^{\frac{\pi}{2}}=\frac{1}{4}.$$

4. $\displaystyle\int_0^{\frac{\pi}{4}}\tan^2 x\,\mathrm{d}x$

$$=\int_0^{\frac{\pi}{4}}(\sec^2 x-1)\,\mathrm{d}x$$

$$=(\tan x-x)\,\Big|_0^{\frac{\pi}{4}}=1-\frac{\pi}{4}.$$

六、求曲线 $y=\dfrac{1}{x}$ 在点 $(1,1)$ 处的切线方程和法线方程．（10 分）

解： $y'=-\dfrac{1}{x^2}\,\Big|_{x=1}=-1,$

∴切线方程为 $y-1=-(x-1)$，即 $y+x-2=0.$

法线方程为 $y-1=x-1$，即 $y-x=0.$

七、计算由曲线 $y=x^3$ 及直线 $y=x$ 所围成的平面图形的面积．（10 分）

解： 由曲线 $y=x^3$ 及直线 $y=x$ 所围成的平面图形如图 6.1 所示，设其面积为 $S.$

由 $\begin{cases}y=x^3\\y=x\end{cases}$ 得到交点 $(0,0)$，$(1,1)$，$(-1,-1)$，则平面图形的面积：

$$S=2\int_0^1(x-x^3)\,\mathrm{d}x=2\left(\frac{1}{2}x^2-\frac{1}{4}x^4\right)\Big|_0^1$$

$$=\left(x^2-\frac{1}{2}x^4\right)\Big|_0^1=1-\frac{1}{2}=\frac{1}{2}.$$

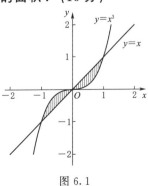

图 6.1

*八、(附加题) 求由曲线 $y=x-x^2$ 和直线 $y=0$ 围成的平面图形的面积绕 x 轴旋转而成的旋转体的体积. (10 分)

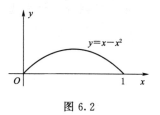

图 6.2

解：曲线 $y=x-x^2$ 与 x 轴的交点为 $(0,0)$、$(1,0)$

故所求体积为 $V=\displaystyle\int_0^1 \pi(x-x^2)^2 \mathrm{d}x$

$$=\pi\left(\frac{1}{3}x^3-\frac{1}{2}x^4+\frac{1}{5}x^5\right)\Big|_0^1=\frac{\pi}{30}.$$

《大学文科数学》自测题（2）

题号	一	二	三	四	五	六	七	八	总分
得分									

一、填空题（每小题 2 分，共 10 分）

1. 函数 $y = \dfrac{x}{\sqrt{1-x^2}}$ 的定义域为 _____ .

2. 设 $f(x) = \begin{cases} a + \sin x, & x \leqslant 0 \\ e^x - 1, & x > 0 \end{cases}$ 在 $x = 0$ 处连续，则常数 $a =$ _____ .

3. 设 $f(x)$ 在 $x = 0$ 处可导，且 $f(0) = 0$，则 $\lim\limits_{x \to 0} \dfrac{f(x)}{x} =$ _____ .

4. $y = x^3 - 3x$ 的驻点是 _____ .

5. 设 $f(x)$ 是连续函数，则 $\dfrac{\mathrm{d}}{\mathrm{d}x} \int f(x)\,\mathrm{d}x =$ _____ .

二、单项选择题（每小题 2 分，共 10 分）

1. 若 x_0 为函数 $y = f(x)$ 的极值点，则下列命题中正确的是（　　）.

A. $f'(x_0) = 0$ 　　　　　　 B. $f'(x_0) \neq 0$

C. $f'(x_0) = 0$ 或 $f'(x_0)$ 不存在 　 D. $f'(x_0)$ 不存在

2. 当 $x \to 1$ 时，下列变量中不是无穷小量的是（　　）.

A. $x^2 - 1$ 　　　　　　 B. $x(x-2) + 1$

C. $3x^2 - 2x - 1$ 　　　　 D. $4x^2 - 2x + 1$

3. $\lim\limits_{x \to \infty} \dfrac{\sin 2x}{x}$ 等于（　　）.

A. 0 　　　　　　　　　 B. 1

C. $\dfrac{1}{2}$ 　　　　　　　　 D. 2

4. 设函数 $f(x) = \begin{cases} x - 1, & 0 < x \leqslant 1 \\ 2 - x, & 1 < x \leqslant 3 \end{cases}$ 在 $x = 1$ 处不连续是因为（　　）.

A. $f(x)$ 在 $x = 1$ 处无定义 　 B. $\lim\limits_{x \to 1^-} f(x)$ 不存在

C. $\lim\limits_{x \to 1^+} f(x)$ 不存在 　 D. $\lim\limits_{x \to 1} f(x)$ 不存在

5. 设 $f(x)$ 是 $g(x)$ 的一个原函数，则下式正确的是（　　）.

A. $\displaystyle\int f(x)\,\mathrm{d}x = g(x) + c$ 　 B. $\displaystyle\int g(x)\,\mathrm{d}x = f(x) + c$

C. $\displaystyle\int g'(x)\,\mathrm{d}x = f(x) + c$ 　 D. $\displaystyle\int f'(x)\,\mathrm{d}x = g(x) + c$

三、求极限（每小题 5 分，共 20 分）

1. $\lim\limits_{x \to 0} \dfrac{e^x - e^{-x} - 2x}{x - \sin x}$.

2. $\lim\limits_{x \to 0} \dfrac{\tan x}{x}$.

3. $\lim\limits_{x \to 2} \left(\dfrac{1}{x-2} - \dfrac{2}{x^2-4} \right)$.

4. $\lim\limits_{n \to \infty} \left(\dfrac{1}{n^2} + \dfrac{2}{n^2} + \dfrac{3}{n^2} + \cdots + \dfrac{n}{n^2} \right)$.

四、求导数、微分（每小题 5 分，共 20 分）

1. $y = x\cos x + \dfrac{1}{2}\sin x$，求 $\dfrac{\mathrm{d}y}{\mathrm{d}x}\Big|_{x=\frac{\pi}{4}}$.

2. $y = (x+1)^3 \sin 4x$，求 $\mathrm{d}y$.

3. $y = \ln(x+1)$，求 y''.

4. $y = \sin[\sin(x^2)]$，求 y'.

五、求积分（每小题 5 分，共 20 分）

1. $\int x \mathrm{e}^{x^2} \mathrm{d}x$.

2. $\int x \cos x \, \mathrm{d}x$.

3. $\int_0^{\frac{\pi}{2}} \sin^5 x \cos x \, \mathrm{d}x$

4. $\int_{\frac{\pi}{4}}^{\frac{\pi}{2}} \cot^2 x \, \mathrm{d}x$.

六、求函数 $f(x) = x^3 - 3x^2 - 9x + 5$ 的极值．（10 分）

七、计算三条曲线 $y = x^2$、$y = x$ 和 $y = 2x$ 所围成平面图形的面积．（10 分）

*八、（附加题）求由 $y = x^3$，$x = 2$ 和 x 轴所围成的图形绕 x 轴旋转所得旋转体的体积．（10 分）

《大学文科数学》自测题（2）参考答案

一、填空题（每小题 2 分，共 10 分）

1. $(-1,1)$　　2. 0　　3. $f'(0)$　　4. $x=\pm 1$　　5. $f(x)$

二、单项选择（每小题 2 分，共 10 分）

1. C　　2. D　　3. A　　4. D　　5. B

三、求极限（每小题 5 分，共 20 分）

解：

1. $\lim\limits_{x\to 0}\dfrac{e^x-e^{-x}-2x}{x-\sin x}=\lim\limits_{x\to 0}\dfrac{e^x+e^{-x}-2}{1-\cos x}=\lim\limits_{x\to 0}\dfrac{e^x-e^{-x}}{\sin x}=\lim\limits_{x\to 0}\dfrac{e^x+e^{-x}}{\cos x}=2.$

2. $\lim\limits_{x\to 0}\dfrac{\tan x}{x}=\lim\limits_{x\to 0}\left(\dfrac{\sin x}{x}\cdot\dfrac{1}{\cos x}\right)=1.$

3. $\lim\limits_{x\to 2}\left(\dfrac{1}{x-2}-\dfrac{2}{x^2-4}\right)=\lim\limits_{x\to 2}\left(\dfrac{x}{x^2-4}\right)=\infty.$

4. $\lim\limits_{n\to\infty}\left(\dfrac{1}{n^2}+\dfrac{2}{n^2}+\dfrac{3}{n^2}+\cdots+\dfrac{n}{n^2}\right)=\lim\limits_{n\to\infty}\dfrac{\dfrac{n(n+1)}{2}}{n^2}=\dfrac{1}{2}.$

四、求导数、微分（每小题 5 分，共 20 分）

1. $\because y=x\cos x+\dfrac{1}{2}\sin x,$

$\therefore\dfrac{dy}{dx}=\cos x-x\sin x+\dfrac{1}{2}\cos x=\dfrac{3}{2}\cos x-x\sin x.$

$\dfrac{dy}{dx}\Big|_{x=\frac{\pi}{4}}=\dfrac{3}{2}\cos\dfrac{\pi}{4}-\dfrac{\pi}{4}\sin\dfrac{\pi}{4}=\dfrac{\sqrt{2}}{2}\left(\dfrac{3}{2}-\dfrac{\pi}{4}\right).$

2. $\because y=(x+1)^3\sin 4x,$

$\therefore dy=\sin 4x\, d[(x+1)^3]+(x+1)^3 d(\sin 4x)$

$\quad=\sin 4x\cdot 3(x+1)^2 dx+(x+1)^3\cos 4x\cdot 4dx$

$\quad=[3(x+1)^2\sin 4x+4(x+1)^3\cos 4x]dx.$

3. $\because y=\ln(x+1),$

$\therefore y'=\dfrac{1}{1+x}.$

$y''=\dfrac{-1}{(x+1)^2}.$

4. $\because y=\sin[\sin(x^2)],$

$\therefore y'=\cos[\sin(x^2)]\cos(x^2)2x=2x\cos(x^2)\cos[\sin(x^2)].$

五、求积分（每小题 5 分，共 20 分）

解： 1. $\displaystyle\int x\,e^{x^2}dx=\dfrac{1}{2}\int e^{x^2}dx^2=\dfrac{1}{2}e^{x^2}+C.$

2. $\displaystyle\int x\cos x\,\mathrm{d}x = \int x\,\mathrm{d}\sin x = x\sin x - \int \sin x\,\mathrm{d}x$

$\qquad = x\sin x + \cos x + C.$

3. $\displaystyle\int_0^{\frac{\pi}{2}} \sin^5 x \cos x\,\mathrm{d}x = \int_0^{\frac{\pi}{2}} \sin^5 x\,\mathrm{d}\sin x$

$\qquad\displaystyle = \frac{1}{6}\sin^6 x\ \Big|_0^{\frac{\pi}{2}} = \frac{1}{6}.$

4. $\displaystyle\int_{\frac{\pi}{4}}^{\frac{\pi}{2}} \cot^2 x\,\mathrm{d}x = \int_{\frac{\pi}{4}}^{\frac{\pi}{2}} (\csc^2 x - 1)\,\mathrm{d}x$

$\qquad\displaystyle = (-\cot x - x)\ \Big|_{\frac{\pi}{4}}^{\frac{\pi}{2}} = 1 - \frac{\pi}{4}.$

六、求函数 $f(x) = x^3 - 3x^2 - 9x + 5$ 的极值．（10 分）

解： $f'(x) = 3x^2 - 6x - 9 = 3(x+1)(x-3)$

令 $f'(x) = 0$，得驻点 $x_1 = -1$，$x_2 = 3$

列表：

x	$(-\infty,-1)$	-1	$(-1,-3)$	3	$(3,+\infty)$
$f'(x)$	$+$	0	$-$	0	$+$
$f(x)$	递增	有极大值	递减	有极小值	递增

可见，函数 $f(x)$ 在 $x = -1$ 处取得极大值 $f(-1) = 10$；在 $x = 3$ 处取得极小值 $f(3) = -22.$

七、计算三条曲线 $y = x^2$、$y = x$ 和 $y = 2x$ 所围成平面图形的面积．（10 分）

解： 三条曲线 $y = x^2$、$y = x$ 和 $y = 2x$ 所围成的平面图形如图 6.3 所示，设其面积为 $S.$

解： 由 $\begin{cases} y = x^2 \\ y = x \end{cases}$ 得交点 $(0,0)$ 和 $(1,1)$，

由 $\begin{cases} y = x^2 \\ y = 2x \end{cases}$ 得交点 $(0,0)$ 和 $(2,4)$，

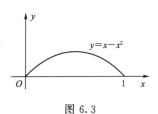

图 6.3

则平面图形的面积：

$\displaystyle\therefore S = \int_0^1 (2x - x)\,\mathrm{d}x + \int_1^2 (2x - x^2)\,\mathrm{d}x$

$\displaystyle = \int_0^1 x\,\mathrm{d}x + \int_1^2 (2x - x^2)\,\mathrm{d}x = \frac{1}{2}x^2\ \Big|_0^1 + \left(x^2 - \frac{1}{3}x^3\right)\ \Big|_1^2$

$\displaystyle = \frac{1}{2} + 4 - \frac{8}{3} - 1 + \frac{1}{3} = \frac{7}{6}.$

*八、（附加题）求由 $y = x^3$，$x = 2$ 和 x 轴所围成的图形绕 x 轴旋转所得旋转体的体积．（10 分）

解：如图 6.4 所示

$$V = \int_0^2 \pi y^2 \mathrm{d}x = \int_0^2 \pi x^6 \mathrm{d}x = \frac{128}{7}\pi .$$

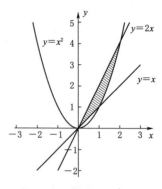

图 6.4

大学文科数学课程教学大纲

英文名称：College Mathematics for Liberal Arts

课程类别：学科基础课

总学时数：64

学　　分：4

适用专业：文科类专业、文理兼招类专业

1. 课程的性质、目的和任务

大学文科数学是文科类专业和文理兼招类专业学生必修的学科基础课程之一．通过本课程的学习，达到如下目标：

（1）使学生能较系统掌握微积分的基本概念、基本原理与基本计算方法，培养学生严谨的逻辑推理能力，较强的空间想象能力，较扎实的运算能力和综合运用所学的知识分析问题和解决问题的能力，也为后续课程打下坚实的基础．

（2）运用数学特有的思想方法、数学史等元素培养学生的辩证唯物主义思想、坚韧不拔的意志品格等非智力因素．

（3）感悟数学文化．

2. 课程教学内容及教学要求

序号	教学内容	教学要求及重点、难点	教学方法
1	第1章　函数、极限与连续 函数的概念、函数基本性质、函数的运算、初等函数、极限的概念、极限的运算、无穷小量与无穷大量、极限的性质、两个重要极限，无穷小的比较、函数的连续性概念、函数的间断点及其分类、初等函数的连续性、闭区间上连续函数的性质	理解函数的概念；理解反函数、复合函数、隐函数；理解数列极限的定义，函数极限的概念，无穷小量的概念，无穷大量的概念，函数连续性的概念，函数间断点的概念，连续函数的概念；会进行无穷小量的比较，会判断函数间断点，会利用闭区间上连续函数的性质解题；掌握数列极限的运算性质，函数极限的运算性质，两个重要的极限，无穷小量的比较 重点：函数的概念 难点：极限的概念、函数的连续性概念、无穷小量与无穷大量	翻转课堂

序号	教学内容	教学要求及重点、难点	教学方法
2	第 2 章 导数与微分 导数的概念，导数的几何意义，函数的可导性与连续性的关系，导函数的概念，基本初等函数的导数，函数和、差、积、商的导数，复合函数的导数，反函数的导数，高阶导数，微分的概念，微分的几何意义	了解微分的几何意义；理解导数的概念，导数的几何意义，导函数的概念，高阶导数的概念，微分的概念；会判断函数的可导性与连续性的关系，会求高阶导数；掌握基本初等函数的导数求法，函数和、差、积、商的求导方法，复合函数的求导方法，反函数的求导方法 重点：导数的概念，导数的几何意义，导函数的概念，基本初等函数的导数，函数和、差、积、商的导数，复合函数的导数，反函数的导数 难点：函数的可导性与连续性的关系，复合函数的导数，反函数的导数，高阶导数	翻转课堂
3	第 3 章 导数的应用 罗尔中值定理、拉格朗日中值定理、洛必达法则、函数的单调性的判断、函数的极值和最值	理解拉格朗日中值定理；会求函数的极值和最值，会利用二阶导数判定极值点；掌握罗尔中值定理，洛必达法则，函数单调性判断的方法 重点：罗尔中值定理，洛必达法则，函数的单调性的判断，函数的极值和最值 难点：罗尔中值定理，拉格朗日中值定理，函数的极值和最值	翻转课堂
4	第 4 章 不定积分 原函数的概念、不定积分的概念、不定积分的性质、基本积分公式、直接积分法、凑微分法、换元积分法、分部积分法	了解原函数的概念；理解不定积分的概念，不定积分的性质；掌握基本积分公式，直接积分法，凑微分法，换元积分法，分部积分法 重点：不定积分的概念，不定积分的性质，基本积分公式，凑微分法，换元积分法，分部积分法 难点：不定积分的性质，凑微分法，换元积分法	翻转课堂
5	第 5 章 定积分及其应用 定积分的概念与性质，微积分的基本公式，定积分的微元法、用定积分求平面图形的面积	理解定积分的概念；掌握定积分的性质、微积分学基本定理、定积分的积分方法；理解定积分的微元法，会用定积分求平面图形的面积 重点：定积分的概念，微积分学基本定理，定积分的积分方法，定积分的微元法、用定积分求平面图形的面积 难点：定积分的性质，定积分的积分方法，用定积分求面积	翻转课堂
6	第 6 章 数学文化一瞥 数学的文化意义，数学思维方法	理解数学的文化意义，了解数学思维方法，通过数学电影、数学文化文献等感受数学文化 重点：感悟数学文化 难点：理解数学的文化意义	依托"学银在线"课程平台资源，采用线上学习为主，在前 5 章教学中也渗透数学文化

3. 建议学时分配表

章节	教学内容	理论教学学时	备　注
第 1 章	函数、极限与连续	16	采用线上线下混合式教学
第 2 章	导数与微分	12	采用线上线下混合式教学
第 3 章	导数的应用	10	采用线上线下混合式教学
第 4 章	不定积分	10	采用线上线下混合式教学
第 5 章	定积分及其应用	12	采用线上线下混合式教学
第 6 章	数学文化一瞥	4	采用线上教学
合计		64	

4. 课程考核方式与成绩评定

（1）考核方式：笔试（闭卷）.

（2）成绩评定：

总评成绩构成：平时考核（40）％；期中考核（20）％；期末考核（40）％.

平时成绩构成：由课程平台的课程视频得分、讨论得分、作业得分、章节学习次数得分、签到得分和课程互动得分等组成，任课教师可以根据线上线下学习实际情况，给学习特别努力的学生平时成绩加不超过 10 分的附加分.

5. 建议教材及参考资料

建议教材：

王工一. 大学文科数学［M］. 杭州：浙江大学出版社，2023.

王工一. 大学文科数学学习指导［M］. 北京：中国水利水电出版社，2025.

参考资料：

同济大学数学科学学院. 高等数学［M］. 8 版. 北京：高等教育出版社，2023.

6. 课程目标达成情况评价

在课程结束后，需要对课程目标达成情况进行定性和定量评价，用以实现课程的持续改进.

7. 大纲说明

借助"学银在线"课程平台等，建设线上学习资源，采用翻转课堂进行教学.

常用初等数学公式

1. 代数部分

(1) $a^m \cdot a^n = a^{m+n}$.

(2) $(a^m)^n = a^{mn}$.

(3) $(ab)^n = a^n \cdot b^n$.

(4) $a^2 - b^2 = (a+b)(a-b)$.

(5) $(a \pm b)^2 = a^2 \pm 2ab + b^2$.

(6) $a^3 + b^3 = (a+b)(a^2 - ab + b^2)$.

(7) $a^3 - b^3 = (a-b)(a^2 + ab + b^2)$.

(8) $(a \pm b)^3 = a^3 \pm 3a^2 b + 3ab^2 \pm b^3$.

(9) $a^m \div a^n = a^{m-n} \ (a \neq 0)$.

(10) $\left(\dfrac{a}{b}\right)^n = \dfrac{a^n}{b^n}$.

(11) $\sqrt[n]{ab} = \sqrt[n]{a} \cdot \sqrt[n]{b} \ (a \geqslant 0,\ b \geqslant 0)$.

(12) $\sqrt[n]{\dfrac{a}{b}} = \dfrac{\sqrt[n]{a}}{\sqrt[n]{b}} \ (a \geqslant 0,\ b > 0)$.

(13) $\left(\sqrt[n]{a}\right)^m = \sqrt[n]{a^m} \ (a \geqslant 0)$.

(14) $\sqrt[m]{\sqrt[n]{a}} = \sqrt[mn]{a} \ (a \geqslant 0)$.

(15) $\log_a M \cdot N = \log_a M + \log_a N$.

(16) $\log_a \dfrac{M}{N} = \log_a M - \log_a N$.

(17) $\log_a M^n = n \log_a M$.

(18) $\log_a \sqrt[n]{M} = \dfrac{1}{n} \log_a M$.

(19) $a^{\log_a N} = N$.

(20) $\log_a b = \dfrac{\log_c b}{\log_c a}$.

(21) 等差数列前 n 项和 $s_n = \dfrac{n(a_1 + a_n)}{2} = na_1 + \dfrac{n(n-1)}{2} d$.

（22）等比数列前 n 项和 $S_n = \begin{cases} na_1 & (q = 1) \\ \dfrac{a_1(1 - q^n)}{1 - q} & (q \neq 1) \end{cases}$.

2. 平面三角部分

（1）同角三角函数基本关系式.

1）$\sin\alpha \cdot \csc\alpha = 1$.

2）$\cos\alpha \cdot \sec\alpha = 1$.

3）$\tan\alpha \cdot \cot\alpha = 1$.

4）$\tan\alpha = \dfrac{\sin\alpha}{\cos\alpha}$.

5）$\cot\alpha = \dfrac{\cos\alpha}{\sin\alpha}$.

6）$\sin^2\alpha + \cos^2\alpha = 1$.

7）$1 + \tan^2\alpha = \sec^2\alpha$.

8）$1 + \cot^2\alpha = \csc^2\alpha$.

（2）两角和与差的三角函数.

1）$\sin(\alpha \pm \beta) = \sin\alpha\cos\beta \pm \cos\alpha\sin\beta$.

2）$\cos(\alpha \pm \beta) = \cos\alpha\cos\beta \mp \sin\alpha\sin\beta$.

3）$\tan(\alpha \pm \beta) = \dfrac{\tan\alpha \pm \tan\beta}{1 \mp \tan\alpha\tan\beta}$.

4）$\cot(\alpha \pm \beta) = \dfrac{\cot\alpha\cot\beta \mp 1}{\cot\alpha \pm \cot\beta}$.

（3）倍角公式

1）$\sin 2\alpha = 2\sin\alpha\cos\alpha$.

2）$\cos 2\alpha = \cos^2\alpha - \sin^2\alpha = 2\cos^2\alpha - 1 = 1 - 2\sin^2\alpha$.

3）$\tan 2\alpha = \dfrac{2\tan\alpha}{1 - \tan^2\alpha}$.

4）$\cot 2\alpha = \dfrac{\cot^2\alpha - 1}{2\cot\alpha}$.

5）$\sin 3\alpha = 3\sin\alpha - 4\sin^3\alpha$.

6）$\cos 3\alpha = 4\cos^3\alpha - 3\cos\alpha$.

7）$\tan 3\alpha = \dfrac{3\tan\alpha - \tan^3\alpha}{1 - 3\tan^2\alpha}$.

8）$\cot 3\alpha = \dfrac{\cot^3\alpha - 3\cot\alpha}{3\cot^2\alpha - 1}$.

（4）半角公式.

1）$\sin\dfrac{\alpha}{2} = \pm\sqrt{\dfrac{1 - \cos\alpha}{2}}$.

2）$\cos\dfrac{\alpha}{2} = \pm\sqrt{\dfrac{1 + \cos\alpha}{2}}$.

3) $\tan \dfrac{\alpha}{2} = \dfrac{\sin\alpha}{1+\cos\alpha} = \dfrac{1-\cos\alpha}{\sin\alpha} = \pm\sqrt{\dfrac{1-\cos\alpha}{1+\cos\alpha}}$.

4) $\cot \dfrac{\alpha}{2} = \dfrac{1+\cos\alpha}{\sin\alpha} = \dfrac{\sin\alpha}{1-\cos\alpha} = \pm\sqrt{\dfrac{1+\cos\alpha}{1-\cos\alpha}}$.

（5）三角函数的积化和差.

1) $\sin\alpha \cdot \cos\beta = \dfrac{1}{2}[\sin(\alpha+\beta) + \sin(\alpha-\beta)]$.

2) $\cos\alpha \cdot \sin\beta = \dfrac{1}{2}[\sin(\alpha+\beta) - \sin(\alpha-\beta)]$.

3) $\cos\alpha \cdot \cos\beta = \dfrac{1}{2}[\cos(\alpha+\beta) + \cos(\alpha-\beta)]$.

4) $\sin\alpha \cdot \sin\beta = -\dfrac{1}{2}[\cos(\alpha+\beta) - \cos(\alpha-\beta)]$.

（6）三角函数的和差化积.

1) $\sin\alpha + \sin\beta = 2\sin\dfrac{\alpha+\beta}{2}\cos\dfrac{\alpha-\beta}{2}$.

2) $\sin\alpha - \sin\beta = 2\cos\dfrac{\alpha+\beta}{2}\sin\dfrac{\alpha-\beta}{2}$.

3) $\cos\alpha + \cos\beta = 2\cos\dfrac{\alpha+\beta}{2}\cos\dfrac{\alpha-\beta}{2}$.

4) $\cos\alpha - \cos\beta = -2\sin\dfrac{\alpha+\beta}{2}\sin\dfrac{\alpha-\beta}{2}$.

5) $\tan\alpha \pm \tan\beta = \dfrac{\sin(\alpha\pm\beta)}{\cos\alpha\cos\beta}$.

6) $\cot\alpha \pm \cot\beta = \dfrac{\pm\sin(\alpha\pm\beta)}{\sin\alpha\sin\beta}$.

7) $a\sin\alpha + b\cos\alpha = \sqrt{a^2+b^2}\sin(\alpha+\theta)$，$\theta = \arctan\dfrac{b}{a}$.

8) $\sin^2\alpha - \sin^2\beta = \sin(\alpha+\beta)\sin(\alpha-\beta)$.

9) $\cos^2\alpha - \cos^2\beta = -\sin(\alpha+\beta)\sin(\alpha-\beta)$.

10) $\cos^2\alpha - \sin^2\beta = \cos(\alpha+\beta)\cos(\alpha-\beta)$.

（7）降幂公式.

1) $\sin^2\alpha = \dfrac{1-\cos2\alpha}{2}$.

2) $\cos^2\alpha = \dfrac{1+\cos2\alpha}{2}$.

3) $\sin^3\alpha = \dfrac{3\sin\alpha - \sin3\alpha}{4}$.

4) $\cos^3\alpha = \dfrac{3\cos\alpha + \cos3\alpha}{4}$.

基本导数公式

1. $(c)' = 0$.

2. $(x^{\mu})' = \mu x^{\mu-1}$，其中 μ 为任意实数.

3. $(a^x)' = a^x \ln a \, (a > 0,\ a \neq 1)$.

4. $(e^x)' = e^x$.

5. $(\log_a x)' = \dfrac{1}{x \ln a} (a > 0,\ a \neq 1,\ x > 0)$.

6. $(\ln x)' = \dfrac{1}{x} (x > 0)$.

7. $(\sin x)' = \cos x$.

8. $(\cos x)' = -\sin x$.

9. $(\tan x)' = \sec^2 x$.

10. $(\cot x)' = -\csc^2 x$.

11. $(\sec x)' = \sec x \cdot \tan x$.

12. $(\csc x)' = -\csc x \cdot \cot x$.

13. $(\arcsin x)' = \dfrac{1}{\sqrt{1-x^2}}$.

14. $(\arccos x)' = -\dfrac{1}{\sqrt{1-x^2}}$.

15. $(\arctan x)' = \dfrac{1}{1+x^2}$.

16. $(\text{arccot} x)' = -\dfrac{1}{1+x^2}$.

1. $\int k \, \mathrm{d}x = kx + C$ （k 是常数）.

2. $\int x^{\mu} \, \mathrm{d}x = \dfrac{x^{\mu+1}}{\mu+1} + C$ （$\mu \neq -1$）.

3. $\int a^x \, \mathrm{d}x = \dfrac{a^x}{\ln a} + C$.

4. $\int \mathrm{e}^x \, \mathrm{d}x = \mathrm{e}^x + C$.

5. $\int \dfrac{\mathrm{d}x}{x} = \ln |x| + C$.

6. $\int \cos x \, \mathrm{d}x = \sin x + C$.

7. $\int \sin x \, \mathrm{d}x = -\cos x + C$.

8. $\int \dfrac{\mathrm{d}x}{\cos^2 x} = \int \sec^2 x \, \mathrm{d}x = \tan x + C$.

9. $\int \dfrac{\mathrm{d}x}{\sin^2 x} = \int \csc^2 x \, \mathrm{d}x = -\cot x + C$.

10. $\int \sec x \tan x \, \mathrm{d}x = \sec x + C$.

11. $\int \csc x \cot x \, \mathrm{d}x = -\csc x + C$.

12. $\int \dfrac{\mathrm{d}x}{\sqrt{1-x^2}} = \arcsin x + C$.

13. $\int \dfrac{\mathrm{d}x}{1+x^2} = \arctan x + C$.

14. $\int \tan x \, \mathrm{d}x = -\ln |\cos x| + C$.

15. $\int \cot x \, \mathrm{d}x = \ln |\sin x| + C$.

16. $\int \sec x \, \mathrm{d}x = \ln |\sec x + \tan x| + C$.

17. $\int \csc x \, \mathrm{d}x = \ln |\csc x - \cot x| + C$.

18. $\displaystyle\int \frac{\mathrm{d}x}{a^2 + x^2} = \frac{1}{a}\arctan\frac{x}{a} + C \quad (a > 0)$.

19. $\displaystyle\int \frac{\mathrm{d}x}{\sqrt{a^2 - x^2}} = \arcsin\frac{x}{a} + C \quad (a > 0)$.

20. $\displaystyle\int \frac{\mathrm{d}x}{x^2 - a^2} = \frac{1}{2a}\ln\left|\frac{x-a}{x+a}\right| + C \quad (a > 0)$.

21. $\displaystyle\int \sqrt{a^2 - x^2}\,\mathrm{d}x = \frac{a^2}{2}\arcsin\frac{x}{a} + \frac{1}{2}x\sqrt{a^2 - x^2} + C \quad (a > 0)$.

22. $\displaystyle\int \frac{1}{\sqrt{x^2 + a^2}}\,\mathrm{d}x = \ln\left|x + \sqrt{x^2 + a^2}\right| + C \quad (a > 0)$.

23. $\displaystyle\int \frac{1}{\sqrt{x^2 - a^2}}\,\mathrm{d}x = \ln\left|x + \sqrt{x^2 - a^2}\right| + C \quad (a > 0)$.

大学文科数学内容体系图

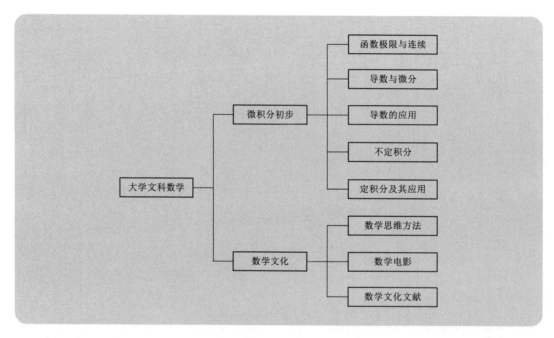

说明：

（1）不同学校和专业的大学文科数学的具体内容和侧重点会有所差异，此《大学文科数学内容体系》主要针对地方高校文科类专业和文理兼招类专业学生而制定．

（2）"微积分初步"只涉及一元函数微积分，未涉及多元函数微积分．

（3）"数学文化"中的"数学思维方法"，主要结合"微积分初步"相关知识学习；课程平台介绍了部分数学电影和数学文化文献，王工一主编的《大学文科数学》也以"小故事"的形式介绍了一些数学典故，读者可以有选择地学习，也可以寻找更多学习资源，丰富学习体验，感悟数学文化．

参考文献

［1］ Б. Д. 吉米多维奇. 数学分析习题集（一）［M］. 济南：山东科学技术出版社，1980.

［2］ Б. Д. 吉米多维奇. 数学分析习题集（二）［M］. 济南：山东科学技术出版社，1980.

［3］ Б. Д. 吉米多维奇. 数学分析习题集（三）［M］. 济南：山东科学技术出版社，1979.

［4］ 《中学教师实用数学辞典》编写组. 中学教师实用数学辞典［M］. 北京：北京科学技术出版社，1989.

［5］ 高等教育出版社. 高等数学课件［M］. 北京：高等教育出版社，2000.

［6］ 张国楚，徐本顺，李祎. 大学文科数学［M］. 北京：高等教育出版社，2002.

［7］ 盛祥耀. 高等数学［M］. 北京：高等教育出版社，2002.

［8］ 朱来义. 微积分［M］. 2版. 北京：高等教育出版社，2003.

［9］ 赵红革，颜勇. 高等数学（修订本）［M］. 北京：北京交通大学出版社，2008.

［10］ 孙方裕，陈志国. 文科高等数学［M］. 杭州：浙江大学出版社，2014.

［11］ 张翠莲. 高等数学（上册）（经管、文科类）［M］. 北京：中国水利水电出版社，2015.

［12］ 苏德矿，应文隆. 高等数学学习辅导讲义［M］. 杭州：浙江大学出版社，2015.

［13］ 《党的二十大报告学习辅导百问》编写组. 党的二十大报告学习辅导百问［M］. 北京：党建读物出版社，学习出版社，2022.

［14］ 王工一. 大学文科数学［M］. 杭州：浙江大学出版社，2023.

［15］ 同济大学数学科学学院. 高等数学（第八版 上册）［M］. 北京：高等教育出版社，2023.

［16］ 同济大学数学科学学院. 高等数学习题全解指南（上册 同济·第八版）［M］. 北京：高等教育出版社，2023.

［17］ 同济大学数学科学学院. 高等数附册 学习辅导与习题选解（同济·第八版）［M］. 北京：高等教育出版社，2023.

［18］ 吴臻，蒋晓芸. 微积分［M］. 北京：高等教育出版社，2024.